带娃是个技术活

90后辣妈
育儿经

林妙铃 ——————— 著

清华大学出版社

北京

内 容 简 介

本书主要帮助解决 0~3 岁宝宝养育的问题，以及在这个过程中妈妈的自我成长。内容以实用育儿方法为主，包括作者和宝宝的日常互动及个性化的养育心得。本书文风轻松，读起来毫不费力，让人感到温暖有趣，且有收获。

本书分为 7 章。所谓"育儿先育己"，第 1 章主要谈论妈妈的自我成长，包括作者自己从产后抑郁到成为育儿博主的成长经验、育儿心态的调整等。第 2 章主要站在宝宝的角度，分享如何培养宝宝独立性、保护宝宝好奇心、分享幼儿园入园经验等实用育儿知识。第 3 章提出"培养孩子仪式感"的重要性，分享如何有趣、有爱、有仪式感地培养孩子的阅读习惯、睡前习惯，如何有仪式感地陪伴宝宝、给宝宝过生日、给宝宝爱和安全感。第 4 章分享 0~3 岁宝宝成长中常有的行为问题和应对方法，比如不吃饭、喜欢打人、爱发脾气等。第 5 章分享如何有智慧地培养孩子的生活习惯，比如戒奶嘴、喝水、刷牙等。第 6 章主要分享经营家庭的经验，给宝宝一个温暖有爱的家，比如，要不要婆婆带娃、要做全职妈妈还是职场妈妈。第 7 章分享成为妈妈之后的一些日常有爱的育儿、婚姻小故事，内容温暖、朴实、感人。

作者在育儿和家庭经营、妈妈的个人成长感悟方面理念比较新潮，非常适合年轻一代的爸爸妈妈学习参考。对于家有 0~3 岁宝宝的爸爸妈妈，还有老师、早教机构的从业人员等，本书都值得一读。

图书在版编目（CIP）数据

带娃是个技术活：90后辣妈育儿经 / 林妙铃著.—北京：清华大学出版社，2022.1
ISBN 978-7-302-58905-1

Ⅰ.①带…　Ⅱ.①林…　Ⅲ.①婴幼儿－哺育－基本知识　Ⅳ.①TS976.31

中国版本图书馆CIP数据核字(2021)第171189号

责任编辑：张立红
封面设计：梁　洁
版式设计：方加青
责任校对：赵伟玉
责任印制：杨　艳

出版发行：清华大学出版社
网　　　址：http://www.tup.com.cn，http://www.wqbook.com
地　　　址：北京清华大学学研大厦 A 座　　　邮　　编：100084
社 总 机：010-62770175　　　　　　　　　邮　　购：010-62786544
投稿与读者服务：010-62776969，c-service@tup.tsinghua.edu.cn
质 量 反 馈：010-62772015，zhiliang@tup.tsinghua.edu.cn
印 装 者：三河市科茂嘉荣印务有限公司
经　　销：全国新华书店
开　　本：145mm×210mm　　　印　　张：5.75　　字　　数：125 千字
版　　次：2022 年 1 月第 1 版　　印　　次：2022 年 1 月第 1 次印刷
定　　价：49.00 元

产品编号：088420-01

本书主要分享0~3岁宝宝精神养育层面的育儿知识，包含宝宝行为习惯的培养、安全感的建立、核心能力（如好奇心）的培养，以及育儿过程中经常遇到的问题等，作者提倡用温柔、有爱、有趣的方式教育孩子，给孩子营造一个温暖有爱的家庭环境，让孩子身心健康地成长。

本 书 特 色

本书最大的特色在于既有0~3岁宝宝实用的育儿干货和实操方法，又有作者作为全职妈妈和职场妈妈的个人感触和经验，以及关于婚姻和家庭经营的独特见解。

作者在书中介绍了自己独特的成长经历：从一个普通的国企员工，通过学习成为自由写作者、自媒体人；从产后抑郁妈妈蜕变为育儿博主。作者的故事让人觉得能量满满，作为一个普通的妈妈，作者想用自己的经历告诉所有成为妈妈的人：即使成为妈妈，也可以不断打破现状，成为更有能量感、更好的自己。

读 者 对 象

- 0~3岁新手爸爸妈妈
- 育儿师
- 注重对0~3岁孩子进行精神养育的人员
- 对育儿感兴趣的人员
- 幼儿园老师
- 早教机构从业者

目录

第 6 章
温暖有爱的家，天真烂漫的宝贝 / 128

第1章

成为妈妈，成为更好的自己

从没想过，当妈妈之后，竟然是我人生中最努力的日子。谢谢我的小饼干，让我从学渣成为热爱学习的妈妈，成为更好的自己。

1.1 谢谢小饼干，让我成为更好的自己

我从来没想过，有了孩子之后的人生更加丰富多彩。从少女到妈妈的蜕变，有了进步，多了选择，并找到了喜爱且愿意为之努力的工作。现在的我，是一个全职妈妈兼自由职业者——一个靠写作和分享知识赚钱的自媒体人。

然而，我曾和很多新手妈妈一样，经历过产后抑郁，庆幸的是，我最后走出来了。但现实中，很多像我一样得了抑郁症的妈妈却没这么幸运，她们一边承受产后的各种不适：身材变形、脸色暗黄、育儿焦虑、婆媳矛盾、工作压力等，甚至还不被家人理解，被视作矫情。

因此，我想把自己的真实经历分享出来，希望我的辣妈经历，可以给每一个即将或已经成为妈妈的人带来正能量。哪怕只是一丝丝的温暖，也足矣。

1.1.1 妈妈坚强而勇敢

有人告诉我，有孩子很幸福，却从没人告诉我，成为妈妈需要独自面对黑暗。

从没想过自己会在 26 岁生小孩。大家都说，90 后自己都是小孩呢，却要开始照顾小孩了。这说的就是我呀。小孩出

生之后，我的生活就像一团杂乱无章的线，我从一个活泼开朗的女孩变成忧心忡忡的"黄脸婆"。

我曾经在深圳一家国企做文职，每天安稳地过着早九晚六的生活。生了宝宝之后，毫无准备的我抑郁了。婆媳关系紧张，夫妻关系不和，各种各样的育儿焦虑扑面而来。我陷入钻牛角尖的状态：小饼干的奶粉必须严格按照比例冲调，少一毫升水都不行；消毒的时候一定要用沸水煮够三分钟，等等。我严格地要求着小饼干的奶奶，导致老人很抓狂，老公为此苦不堪言。

相信很多新手妈妈会焦虑，芝麻大小的事都能成为焦虑的源泉。坐月子期间，我整宿整宿地失眠，莫名其妙地哭泣。看到网上说有小孩一出生就窒息，我就开始担心起我的小饼干，每过一会儿就要起来看看他呼吸是否还正常。只要老公有不顺着我的地方，我就开始生闷气，觉得他不关心我，于是关起心门，自怨自艾地哭泣。

我甚至想过从11层楼的卧室窗口跳下去一了百了。在凌晨3点的深夜，老公累到睡觉打呼噜，而我却觉得老公不关心我的情绪。我不知如何处理婆媳关系，我更害怕带不好我的孩子，我甚至感觉人生充满了恐惧，对未来毫无期待，唯有一死可以解脱。

就在我抱着绝望的心想离开时，小饼干突然哭了，我的思绪被拉回现实。我开始相信母子连心。我被自己抱有这样可怕的念头吓到了，我才26岁，还有个如天使般可爱的小宝贝，他爱我，他需要我，我怎能忍心离开他？我抱起小饼干，眼泪止不住地往下掉，心想："不，我要坚强而勇敢地活下去。"

死多容易啊，好好活着才是最难的。

1.1.2　爱是积极改变的原动力

后来，我把抑郁症的事向老公说了，他很自责没有好好照顾我。之后，他就经常陪着我聊天，带我出去散步，还让我的好朋友过来陪我。我以为我很快就能好起来，然而它还是继续揪着我不放。

出月子后，我独自带小饼干，一开始经常对小饼干大发脾气，并在他不断哭闹、哄不好的情况下，直接把他放在床上，冷冰冰地看着他哭，就像在惩罚他的"不懂事"。其实我知道，我只是把自己的情绪发泄到幼小无辜的小饼干身上而已。

我终于理解，我的姐姐——一个全职妈妈，为什么会对可爱的儿子发脾气。整天只有孩子和家务的全职妈妈，迟早也会把耐心耗光吧！

想到自己也要成为家庭主妇，做一个伟大的妈妈和贤惠的老婆，余生宅在家里，把美好青春献给家庭，做家务、带孩子……我害怕了。

我出生在一个盛产海鲜的小乡村，当初来深圳，和许多年轻人一样，想出人头地。现在却窝在家里，而我的同学仍在打拼事业，我真不甘心就这样过一辈子。

6月23日凌晨2点多，生完小饼干的第59天，我给小饼干喂完奶，又莫名其妙失眠，拿起手机刷朋友圈。看到一条新媒体运营实训课的信息，心想，也许我也能试试，于是报了名。

在为期 12 天的培训中，我白天上课，晚上复习到凌晨两三点。培训结束有个答辩，答辩的前一天晚上，我熬夜做 PPT 直到两三点，第二天早上 7 点多就起来。那天天气有点热，现场还有直播。

3 年没上过舞台的我特别紧张。庆幸的是，我的临场发挥能力还可以，讲了很多 PPT 没准备的东西，得了第二名。下台时，大家掌声很热烈，我满心喜悦。那一刻，就像有束光照进我内心那个阴暗的角落里，一切突然明亮了起来。

培训结束后，我辞去了国企的文职，找到一份自己喜欢的工作——母婴编辑。之后，我在小红书上分享育儿知识，开启自由职业生涯的工作模式。

养育宝宝是第一位的。空闲时能做自己热爱的事，让我内心感觉很充实。

我非常感谢我的小饼干，是他让我努力成为更好的自己。很多人可能会认为是父母在引导孩子成长，但其实孩子也在指引着我们成长，让我们成为更好的父母，更好的自己。

而这些积极改变的原动力应该是爱。

1.2　放下对完美妈妈的执念，告别焦虑

有了娃之后，最大的感触就是：没有最焦虑，只有更焦虑，甚至产生了"生命不息，焦虑不止"的错觉，总担心自己做得不对。孩子到底是不是这样养育？

"宝宝 8 个月大了，牙齿还没长几个！"

"宝宝不爱吃青菜，担心他营养不良！"

"宝宝被抢玩具闷不吭声，担心他以后被人欺负！"

"别人家的宝宝10个月已经走路了，我们家1岁还在地上爬！"

…………

为什么当妈之后，我们变得这样小心翼翼、焦虑不已呢？

1.2.1　焦虑，是对未知的恐惧

林文采老师在《心理营养》中提到："患抑郁症的女人和男人的比例是5∶1。而女人当中患抑郁症风险最高的是3岁以内孩子的妈妈。"

当我看到这段话时，我明白"焦虑"几乎是大部分新手妈妈的经历。

第一次当妈，一切都是新的，育儿、经营家庭充满未知和挑战，就是这些未知让我们充满恐惧，而当恐惧无法得到纾解时，就变成了焦虑。

所以，当你内心不安、担心、落寞，想发脾气时，那可能是焦虑。这时候，我们要接纳焦虑的情绪，找到焦虑的原因，想办法去解决它。努力地让自己成为情绪的主人，而不是让情绪主导我们的育儿与婚姻生活，通过这样的方式，我们在育儿、婚姻生活中可以更加从容，孩子也能在放松的状态下健康成长。

1.2.2　从众心理，瞎比较

　　作家薇妮斯蒂·马丁在《我是个妈妈，我需要铂金包》中有这样一句经典："这世界就像一个剧场，当前排观众站起来的时候，后排观众也不得不这样做。所以，这世界上很难找到一个不焦虑的妈妈。"

　　我们生活在社会中，会不经意地将自己的孩子与别人的孩子比较。看到人家孩子1岁多能自己吃饭，而自己孩子却需要喂饭，就希望自己孩子也能独立吃饭；看到邻居孩子上着昂贵的早教课，自己孩子在家玩玩具、看电视，内心自责又焦虑；看到大家都为了一个好的幼儿园挤破头，生怕孩子输在起跑线上……就这样，在不知不觉的比较中我们陷入盲目从众的坑里，怕自己孩子比不过别人家孩子，怕不能给孩子更好的未来，各种焦虑接踵而至。

　　每个孩子都有自己的成长节奏，父母的养育方式对孩子成长起着关键作用。所以，我们养育孩子，最重要的是根据孩子的特性来，而不是去拿"别人家的孩子"做标准。努力学习科学的育儿知识和方法很重要，不要死板地按照书里所说的来养育孩子，还是要结合孩子的特性和需求，灵活运用。

　　养孩子要"脚踏实地"，根据整个家庭的实际情况来。比如说，家里每个月收入几千块钱，看别人给娃上着上万块的早教课，也硬着头皮去上，就会压力很大，不切实际。那是不是早教就完全不做了呢？也不是。妈妈有空的话可以在家早教，可以从育儿书中以及向优质育儿、早教博主学，也可以报线上早教课学习早教知识，然后教给孩子。

这些都要根据自己和孩子的实际情况来，不要盲目从众，不对孩子过度关注，焦虑自然也会少很多。

1.2.3　调整心态，保持成长

一个朋友问我："为什么你和其他妈妈不一样，我在你的身上看不到疲惫，你的状态很好。"

我的回答是："我的心态好。"

其实，我后来想了想，也不仅仅是心态好这么简单。焦虑、抑郁，我也有过，我也在焦虑与放下焦虑之间徘徊过，但是，最重要的是，我比较喜欢学习。

当我遇到难题时，也会焦虑，与此同时，我会想办法去解决。育儿对新手妈妈来说都是新的问题，我一般是通过学习去解决问题的。我喜欢通过看育儿书或优质育儿博主的分享来寻找解决方法。当夫妻关系不太和谐的时候，我会借鉴身边处理得比较好的朋友或家人的经验，找到适合自己的方法，也会在 App 上听一些关于如何处理亲密关系和婚姻的优质书。

我是个终身学习者，我觉得我们人生中遇到的问题都可以通过学习去解决。只有不断学习，不断成长，让自己变得更优秀，保持心情愉悦，才能养育出优秀、快乐的宝宝。有的妈妈自己不努力，又期望宝宝优秀，这样的想法是不切实际的。一个优秀的妈妈会以身作则，陪宝宝共同进步。

接纳并不完美的自己，最重要的是照顾好自己，经营好自己的小家，用心对待宝宝，保持终身学习的能力，不盲目从众，认真、积极、元气满满地生活。

1.2.4 放弃完美主义，赶走焦虑

Facebook 首席运营官谢丽尔·桑德伯格在她的书《向前一步》中这样写道："试图做到一切还期待做得超级完美，这必然导致希望落空。完美主义是我们的大敌。格洛丽亚·斯泰纳姆的话很贴切：'你不可能做到一切，没有人能做两份全职工作、一天三餐都下厨……女性运动反对的就是女超人。'"

这段话我时不时地拿来警醒自己。一个人的精力是有限的，能做的事情就那么多，不要要求自己既能赚钱养家，又能带娃做饭，这种完美女人在现实中是不存在的。所以，成为妈妈之后，最重要的是懂得"有舍有得、权衡利弊地做选择"。比如说，如果选择做全职妈妈，那就把重点放在育儿和打理家务上；如果有可以赚钱的事，就在自己的空余时间再做；如果精力分配不过来，就放弃不重要的那件事。

除了放弃完美主义这一方法，我还总结了一些自己经常用来赶走焦虑的小技巧，这些小技巧给我的育儿、婚姻生活带来了非常积极的影响。

调整心态，正面暗示。语言是有暗示作用的。当我们经常讨论和发布关于美好、快乐等正能量时，我们的生活就会被这些正能量影响。心存希望与美好，并为之努力，美好便会向我们靠近。所以，当你感觉焦虑，感觉遇到的事很糟糕时，也可以试着告诉自己："没事的，一切都会越来越好。"让自己拥有一种永远相信美好会到来的能力。

运动。我从初三开始跑步，坚持了两年，那时只是为了减肥，现在回想起来，跑步给我带来很多好处，不仅身体健康、身材好，整个人的精气神也很好。经常运动，大脑会分泌内啡肽，可以让人身心愉悦。此外，内心克服了惰性后的成就感，也会让人心情舒畅。

自我放松。定期让自己放松。比如，周末找个好朋友一起逛逛街，看看电影，或在条件允许的情况下，定期来个短途旅行，适当给自己充充电。充满电后的自己，才能更高质量地养育宝宝。

学习。根据自己的需求和个人喜好，可以通过看书、报课程，或上网搜查资源来学习，也可以通过咨询朋友、家人来学习……这些既减轻了我的焦虑，帮助我解决生活难题，也让我有所成长。

和老公保持良好沟通。很多人有这种感觉：当和老公吵架的时候，做什么事都不太顺，孩子也带不好；而当夫妻关系和谐的时候，宝宝也开心，生活中的一切也都比较顺心。

与好友保持联系。不要结婚之后就断了社交。人是天生有社交需求的，如果把一个人和其他人隔绝起来，没有语言沟通，时间久了，这个人会情绪崩溃，感觉非常痛苦。所以，如果有个好友与你分享快乐与悲伤，是一件值得开心的事。女人天生比男人心思更细腻，心事自然也比男人多，而身为妈妈的我们，要处理的事务就更多了，要面临的困难也更多，难免有心情烦闷的时候。所以，如果有个好朋友能一起聊聊天，把那些烦闷的情绪排解出去，心情就会好很多。把好事或幸福的事跟好友分享，一起乐呵乐呵挺好。

其实，育儿就像升级打怪，麻烦经常一个接着一个出现，焦虑也会随之而来。既然焦虑无法避免，那不妨坦然接受，保持着一股"兵来将挡水来土掩"的气势。

1.3　会玩的妈妈更优秀

很多爸爸妈妈碍于成年人的面子，或忙于工作和家事，经常忽略陪孩子"玩"的美好时光。除了照顾孩子、教育孩子，会"玩"也是育儿生活中很重要的一点。

会"玩"就是有趣地养育宝宝，有耐心地陪宝宝玩，保有一颗童心；也懂得让自己放松和成长，给自己一些"喘息"的时间。

那些会"玩"的妈妈往往比一脸严肃、不耐烦的权威妈妈更优秀，在养育孩子时也更得心应手，带出来的孩子也更优秀。

1.3.1　用心陪宝宝玩才是正经事

大部分人会认为好妈妈就是做家务、带小孩，但评价一个好妈妈的核心准则应该是养育孩子的质量。很多妈妈一不小心就把自己活成"保姆式"妈妈，忙于照顾一家人的衣食住行，却忽略了对宝宝的用心陪伴和教育。

有一次我带小饼干去上早教的体验课，当我们在外面的玩具区玩时，一位妈妈也带着宝宝在旁边玩。她给宝宝拿了个小玩偶，自己在一边刷手机。宝宝完全没心思玩玩偶，反而伸手去抓妈妈的手机，还叫了几声"妈妈"，她有意把手抬高不让宝宝抢到手机，然后继续刷手机。最后宝宝忍不住开始哭闹，那位妈妈才把手机放下，凶巴巴地来了一句："哭什么哭，手机是你能玩的吗？"

看到这一幕，我觉得真遗憾，这位妈妈花了上万块钱来给孩子做早教，对孩子寄予厚望，却不能给到孩子最基本的爱：陪伴和理解。其实孩子并不是想玩手机，他只是想让妈妈陪他玩一会儿，他还小，还没能力用语言表达自己的想法，所以，只能通过阻止妈妈玩手机的方式把妈妈的注意力吸引到自己身上来。而这位妈妈不仅不理解孩子的需求，没用心陪孩子玩，反而对孩子发脾气。

其实，每个小孩都希望自己的爸爸妈妈多陪自己玩，这也是促进亲子关系非常重要的一点，而很多父母却经常忽略。

每天带宝宝，并不等于陪伴宝宝，如果陪伴没有质量，顶多算是"保姆式"看娃。当你忙于家务和刷手机时，宝宝失去了和妈妈一起玩的快乐，感受到的是"手机和家务比我重要"，自然感受不到妈妈的爱。当然，并不是说妈妈不该做家务、不该出去赚钱、不该玩手机，而是不该因为忙于做家务、赚钱、玩手机等其他事情而忽略了陪伴孩子。

当你有时间陪在孩子身边时，应该多陪孩子读书、玩玩具、做小游戏，而不是把孩子丢在一边。无论每天有多忙，都要抽出一两个小时专门陪宝宝玩，不敷衍、高质量地陪伴宝宝。

以前上班时（小饼干差不多1岁），我每天晚上七八点到家，吃完饭之后就带小饼干去楼下遛弯半小时，然后回来给小饼干洗澡，陪他玩会儿玩具，给他冲睡前奶喝，等他喝完我就读二十分钟绘本，最后陪他睡觉。每天下班回来的那两个小时，我像个小孩一样陪小饼干玩、用有趣的方式给他读绘本，是我每天最享受的时刻，相信小饼干也很享受这样快乐又美好的亲子时光。也是因为这短短两小时的高质量陪伴，即使我白天没时间陪他，小饼干依然与我很亲近，安全感十足。

对于 0~3 岁的宝宝，每天最重要的事就是吃睡玩，他们就是通过玩来学习的。所以，认真、用心、有趣地陪宝宝玩，才是妈妈在陪伴中最正经的事。放下大人的包袱，像个天真的孩子一样陪宝宝玩，你会有意想不到的美好收获。

1.3.2　给自己"玩"的时间

为什么有的妈妈整天自怨自艾，有的妈妈经常忍不住把自己的不顺发泄在孩子身上，而有的妈妈很有耐心、元气满满呢？

最主要的还是妈妈的生活态度和时间管理不同。

之前有位妈妈和我聊天，她说很不喜欢自己现在的生活，整天除了带小孩、做家务，没有其他有意义的事。

我就对她说："我觉得能带好孩子、做好家务就是一件非常棒的事。你的工作量不比一个上班族少呀，还要操更多的心在孩子和老公身上。"

然后她又说："唉,这有什么啊,像保姆一样,谁都能做！"

总之，陪她聊天的那半个多小时，她的状态很消极，不是抱怨生活不顺，就是否定自己的付出，还吐槽老公带不好娃。

我建议她调整一下心态，试着每周末留半天时间给自己，放松放松，去书店看看书、和朋友喝杯咖啡、看个电影、逛逛街都行，根据自己喜好来。结果她又说："哪有时间啊，孩子不用带啊。"

其实事实是她老公也不是很忙，每周都双休，回家会陪孩子玩，所以，她周末可以放心把孩子给老公带，最主要还是在于自己的心态和选择。

再讲一个朋友的故事。她是小红书上一个辣妈博主，有几万粉丝。她也是个全职妈妈，每天要带小孩、做家务，但她给我的感觉截然不同。她经常在小红书上分享全职妈妈的日常，视频中的她，用心陪宝宝玩，认真做饭、洗碗，在老公下班回来的时间，还会去健身房锻炼身体，身材保持得非常好。也正是这种积极上进的生活态度，让她拥有了几万粉丝，大家都很喜欢看她元气满满的生活。她有时会约上小姐妹去逛街、看电影，很少抱怨带小孩有多辛苦，做家务有多烦。

这就是会"玩"的妈妈。会"玩"的妈妈心态乐观，热爱生活，也懂得给自己放松和成长的时间。当她去健身、去看书、去学做一道辅食、学着陪宝宝玩某个喜欢的玩具时，她就是在成长。当我们感觉被育儿生活掏空精力的时候，偶尔和小姐妹去逛逛街就是一种放松。

暂时地抛开家庭的琐事，卸下养育孩子的担子，适当地"玩"，并不会让你成为一个失职的妈妈，相反，懂得给自己"喘气"时间的妈妈才是优秀的。只有自己状态好了，心情好了，才能更好地养育孩子。

1.4　妈妈给我快乐童年

有一次看到一个妈妈发了条朋友圈："今天和孩子一起体验了拍照的快乐，孩子还说'妈妈，原来你也会搞笑啊'。"配图是一张母子俩的合照，一个扮鬼脸的妈妈和一个扮着鬼脸、很快乐的儿子。

看到这条朋友圈，我的感触是，卸下权威父母的严肃面孔，像个孩子一样陪孩子玩，这样欢乐的时刻，真好。这些简单快乐的时刻，对孩子来说是弥足珍贵的！

1.4.1　别做严肃的父母

有一次带小饼干去动物园，我们准备去玩旋转木马，这是小饼干很喜欢的项目。旁边有个 5 岁的小女孩，扯着她爸爸的衣角小声地说："爸爸和我一起去。"她爸爸一脸严肃地说："自己去，我在这等着。"小女孩又想去又害怕，带着哭腔又请求她爸爸一起去，她爸爸就生气地训斥她："哭什么哭，再哭就不让你玩了，自己去不好吗？"小女孩忍着哭声，没敢再说话了。

我在旁边看得一脸尴尬，实在有点看不下去，就对那位爸爸说："陪她玩一下呗，她可能有点害怕。"她爸爸却说："没事，就让她自己锻炼一下，这种小孩玩的东西，我不玩了。"

劝不动，我放弃了，然后，我就匆匆抱着小饼干一起去坐旋转木马了。

当时我就想：父母花钱带孩子来游乐园不就是希望孩子开开心心的吗？

这种不懂孩子的严肃父母真是太多了，有时孩子邀请父母陪他玩一下，大部分是出于对父母的爱。我们父母该做的不就是温和地接受吗？何必带着一脸的严肃，认为"玩只是孩子的事，与我无关"？这不是忽略了孩子的需求，错过了和孩子一起体验快乐、增进亲子关系的幸福时光吗？

1.4.2　童年的关爱

想让孩子的童年充满快乐的回忆，一个很好的办法就是：学会和孩子一起搞笑。

父母用心陪孩子玩乐、"搞笑"的时候，也为孩子建立起安全感，增加了孩子对父母的信任和爱，孩子既懂事又快乐。在微博看到一个孩子的一段话："你有没有把玩过的玩具车收起来，把它们放在一个地方？它们已经不是玩具了，而是你们在一起的快乐时光，你要把它们收好。"

这让我的内心一阵莫名的感动，这是个多么快乐的孩子啊，他的童年被爱、快乐这些美好所包围，所以，他也懂得把"快乐的回忆"保留起来，可以在以后的日子慢慢细品。一个几岁的孩子就有这样的觉悟，离不开父母爱的浇灌和耐心的教育。

充满智慧的妈妈能用有爱的教育方式让孩子保持天真快乐，内心充满爱与美好。

平时，当我放下工作时，我都是像小孩一样陪小饼干玩，因为，我想把世上最珍贵的东西——快乐送给他。对一个眼里只有父母的小孩来说，没有什么比父母给的快乐更能让他开心了。

孩子会通过模仿和学习父母来成长。所以，我们平时怎么说话、怎么做事，我们的品行如何，也会直接影响我们的孩子。当我们用愉悦轻松的方式对待他人时，孩子也会情绪稳定、快乐，内心充满阳光。

快乐是童年最美好的代名词，童年被快乐、爱、耐心、安全感填满的孩子，长大后也会像个小太阳一样去温暖别人。即使他们遇到不开心的事，也能很快地自愈，继续做回从前那个快乐的自己。

所以，让我们陪孩子一起欢笑，给他们一个充满阳光的童年！

1.5　父母都应该拥有的心态

你的儿女，其实不是你的儿女。

他们是生命对于自身渴望而诞生的孩子。

他们借助你来到这世界，却非因你而来。

他们在你身旁，却并不属于你。

你可以给予他们的是你的爱，却不是你的想法。

因为他们有自己的思想。

你可以庇护的是他们的身体，却不是他们的灵魂。

因为他们的灵魂属于明天，属于你做梦也无法达到的明天。

——纪伯伦《先知》

1.5.1　父母的自我发展

我一直认为，为人父母，是应该有要求的。毕竟我们养育的是一个会影响社会、影响他人的生命个体，这不是儿戏。在养育孩子之前，父母应该成为什么样的人呢？

一个合格的父母，应该让自己成为一个有爱、有耐心、有责任心、积极上进的人。小孩子是通过学习和模仿父母成长的，父母的言谈举止会影响孩子的一生。言传身教是父母给孩子最好、最珍贵的教育。

埃隆·马斯克经常赞美他的妈妈："母亲才是我的英雄，我的成功来自母亲的培养和她特立独行的品性。"

马斯克的妈妈叫梅耶·马斯克，有两个硕士学位，是加拿大著名营养师。她还是超模，21岁拿下选美冠军，67岁登上纽约时装周，69岁成为知名化妆品牌代言人，71岁走向事业黄金期，常登《时尚》（VOGUE）、《芭莎》（BAZAAR）的封面。2019年她还出版了自传《人生由我》，成为畅销书。她独自养大的三个孩子成就非凡。

马斯克说："她过得很辛苦，可她从不抱怨，每次见她都满脸笑容。这样的态度，是她给我们最宝贵的财富。"

当我看到这些时，不由得感叹，马斯克妈妈的教育方式就是"言传身教"的典型例子。她是名有责任心、积极上进的终身学习者，用心养育自己的孩子，想要什么就去争取，用自己的努力给孩子们带来正面影响，因此养育出三个卓越的人才。

如果我们希望孩子成为什么样的人，就让自己先努力起来吧。你自己都拒绝学习、甘心平庸，又有什么资格去要求孩子优秀呢？你自己都品行不端正、对孩子没耐心，又怎么能养育出情绪稳定、三观正的孩子呢？

1.5.2 明确养育目的

生孩子之前，你想过当初为何要生下这个孩子吗？想过要把孩子培养成一个什么样的人吗？

有的人是顺其自然地怀孕，有的人是家里人催着结婚生小孩，也有的人是按照计划来生小孩的，但关于要把孩子培养成一个什么样的人，大部分人心里没有明确的答案。

陈美龄老师在《50个教育法，我把三个儿子送入了斯坦福》中是这样说的："孩子的教育，不仅仅是学习能力的培养，而是身心两方面综合人格形成的过程。"

培养一个学习成绩很好、很优秀的孩子，几乎是所有家长的愿望，然而，更重要的是培养一个身心健康、拥有健全人格的人。

当然，如果能培养出一个优秀、身心健康、人格健全的孩子无疑是极好的，但如果孩子没按自己预期的样子成长，最后变成一个平凡的人呢？他成绩一般、工作一般、能力一般，你会怎么样？你还会爱你的孩子、无条件接纳他吗？还是骂他无能、指责他辜负你的辛苦和期望呢？

有的家长因为觉得自己这辈子过得不好，就把希望寄托在孩子身上，希望孩子过得好，经常有种"恨铁不成钢"的想法，当孩子没有按照他的期望变优秀时，就羞辱、逼迫孩子。

这其实是错误的养育方式，这样养出来的孩子，其心理多多少少是有问题的，而且孩子也不会快乐。

为了尽量避免错误的养育方式，我们可以先调整好心态、明确养育目的。

培养一个人格健全的孩子，在这个基础上向优秀靠近。现在新闻媒体信息传播越来越广，越来越快，很多负面新闻也频繁出现。其主要是因为父母在养育孩子过程中，培养孩子追求优秀的能力，却忘了孩子需要一个健全的人格、健康的心理，才能更好地去适应这个社会，更有能力去追求自己的幸福生活。

所以，教育的首要目标，应该是把孩子培养成一个人格健全、三观正的人，然后，在这基础上，把孩子培养成一个优秀的人。如果孩子最后还是一个普通人，那也不必责备他，接纳、尊重孩子的选择更重要。

不要期望过高，这世上没有完美的孩子。每个孩子都有独特的气质，有的性格内敛，有的活泼开朗，有的既开朗又内敛……所以，不要去逼迫孩子一定要成为什么样性格的人，尊重、接纳、用心引导孩子就好。

每个孩子擅长的东西是不一样的，父母养育孩子的方式和重点也不一样。拿我自己来说，我们家小饼干吃饭吃得不怎么好，而比他大十几天的小表哥却吃得又好又多，有时小饼干奶奶就会叹息，甚至去比较。但其实小饼干的语言发育和观察、模仿能力很强，他听过的歌过两天就会哼，听过的话也经常能运用上，这对一个 2 岁的孩子来说，确实挺难得。我平时的养育重点倾向于早教、智力的培养，每天读绘本，用心陪他玩玩具，寓教于乐，但对于他吃饭的事，我花的心思相对少一些，而小表哥的妈妈，对于吃饭的事更用心，也更擅长，所以，两个孩子不一样。

不管怎样，没必要去比较，没必要期望孩子事事做好，达到自己预期的完美状态。这世上没有完美的孩子，只要孩子身体健康，心理健康，智力没问题，就可以放心了。

1.5.3　不让孩子吃苦

有一次，我看到一篇文章，它的内容非常打动我。文章中提出了一个新的观点："不让孩子吃苦，是为人父母的一大美德。"作者叫懒妈，是一名优秀的全职妈妈，拥有本硕临床与应用心理学，做过心理咨询师，研究早期家庭教育。

她提出的"吃苦"和我们平时所认为的吃苦是不同的。她倡导的是父母应该从精神层面上不让孩子吃苦，而我们平时认为不让孩子吃苦，更多的是从物质上不让孩子吃苦。

她在文中举了一个很典型的例子。

一个妈妈在路上训斥八九岁的孩子："成天就知道玩，连老师布置的作业都能忘记，你是猪脑子吗？"然后，她一直跟孩子强调为了让她上辅导班，东跑西跑，平时连书包也没让孩子背过，没舍得让她吃苦，而孩子却不懂珍惜，对不起她的辛苦，最后还气冲冲地甩下孩子，让孩子在小区楼下想清楚再上楼……

可以想象，孩子当时的心有多苦，当着那么多人的面被辱骂，被道德施压，却无力反驳。比起物质上的"不吃苦"，孩子更愿意心里少点苦，毕竟没什么比被尊重、被爱更重要。

作者认为，真正意义上的不让孩子吃苦，应该是这样的："要在最弱小的时候被爱护，最茫然的时候被指引，最无助的时候被鼓励……从父母那里尝到的甜，远远超过生活给自己的苦，才能长成这样的一张脸，舒展，自在，永远对世界心怀善意，有能够顶住压力坚持自我的底气，还有愿意去主动敞开自己的勇气。"

对孩子来说，物质上过得差一点、生活苦一点，又有什么所谓呢？有来自父母爱的滋养，日子再苦心里也是甜的。父母的每一次用心陪伴、每一次悉心指导、每一次鼓励、每一次尊重、每一次接纳，才有了孩子独立应对生活苦难的底气和果敢，才会指引着孩子走向阳光的生活。

1.6 吼完孩子，如何降低伤害

虽然我们都知道，不要去吼孩子，经常吼孩子危害很大，但还是会忍不住去吼。我相信几乎每个妈妈都有吼孩子的经历，即使脾气再好的妈妈也会有情绪崩溃的时候。毕竟妈妈也是有情绪的普通人。所以，即使有时忍不住吼了孩子，也不必过分自责，孩子也没有想象中那么脆弱不堪。其实，发脾气的频率不要太高，在发完脾气之后懂得降低伤害，对孩子的影响也不大。

1.6.1 降低预期

在谈降低伤害之前，先谈谈如何降低对宝宝的预期，这样可以减少我们发脾气的次数。有时我们对宝宝发脾气，可能是因为我们对宝宝期待太高。比如，我希望小饼干能好好吃米饭和青菜，但他就是不配合，只吃肉不吃菜，还说"我不喜欢吃米饭，我讨厌吃米饭"。

因为担心他不吃米饭和青菜而导致营养不良，所以我开始威逼利诱让他吃，但他就是不买账。

终于在一个大夏天的中午，我的情绪爆发了。小饼干坐在他的餐凳把肉吃完了，米饭和青菜一口没吃，我喂他，他不是闭紧嘴巴，就是吐光光，还把米饭和青菜扔到地上。我气得把他手中的勺子夺过来，直接往地上扔，小饼干被吓哭了，我还不解气，把他抱到地上，怒气冲冲地吼："要哭就坐在这里慢慢哭，别妨碍我吃饭！"

那是我第一次对小饼干大发脾气。事后我特别自责，我也对自己的行为做了分析：重要的原因就是我对小饼干期望太高。我总觉得他应该和其他宝宝一样好好吃饭。而当我和小区其他妈妈聊天后，才发现，其实很多宝宝不爱吃米饭、粥和青菜。一想到大部分宝宝是这样的，我放下了这个执念。

我对小饼干吃饭的期望降低了，也调整了战略。比如，他不喜欢吃米饭，喜欢吃面条、馒头和土豆，那就用这几样作为主食，或者偶尔炒米饭、炒粉，这些他能吃得很开心。

我也告诉自己：没关系的，上了幼儿园就好了。或者，等他再大点，再通过讲道理、讲故事的方法让他体会吃青菜的好处吧。

当我降低预期之后，我确实开心了很多，小饼干也慢慢没那么抗拒吃米饭了。我俩的关系也和谐了很多。

1.6.2　暂时离开吼娃现场

我的朋友、家人都说我是一个脾气特别好的人，他们完全不相信我会对小饼干发脾气，特别是我姐姐。我和她说，每次对小饼干发完脾气，我特别自责，觉得自己真差劲。她来了句："你那叫发脾气吗？你那算不了什么。"

但其实当妈之后，多多少少会有忍不住想发脾气的时候。当暴躁情绪像火山爆发一样涌上心头时，脾气再好的妈妈也没法控制住。

就拿小饼干的吃饭问题来说，我让他好好吃饭他却把饭扔到地上，我就忍不住凶他，小饼干哭得撕心裂肺，感觉就像被吓到一样。这时，我去了趟厕所，才慢慢意识到，自己很冲动。明明是一件很小的事，为什么我这么生气？我自责，感觉自己很失败。回想这几个月的全职生活，每天做饭、做家务、带娃，还想方设法地录视频、写东西，看着镜子里脸色有点暗黄的自己，我觉得自己最近可能是累了。

是呀，我真的累了，我只是个普通的妈妈，当我累的时候，也会不耐烦，我开始释怀了。也许那一次发脾气，对我来说也是一种解压吧，毕竟想做好妈妈的那根紧绷着的弦，也会有断掉的时候。

所以，在想要吼小饼干之前，我选择暂时离开餐桌，去厕所冷静一下,这样就可以减少继续发脾气的次数,还能让自己冷静下来处理这件事。因为爆发式怒吼后,对着哭闹的宝宝,妈妈会非常烦心,可能会很想继续发怒。这时马上到厕所或卧室,对着镜子看看那个怒不可遏的自己,对自己说,"冷静一下"。给孩子也给自己一个缓冲的时间。当然,暂时离开吼娃现场的前提是要确保宝宝是安全的,如果在外面的话,没人照看孩子,妈妈肯定是不能走开的。

1.6.3 和宝宝好好聊聊

当自己冷静下来之后,去抱抱宝宝,等宝宝情绪稳定下来,再好好地和他聊聊这件事的前因后果。

第一步,安抚宝宝情绪。就拿刚才那件事来说,冷静下来之后,我回去抱抱小饼干,然后对他说:"宝宝,妈妈刚才太凶了,对不起。"小饼干好像听懂了一样,紧紧抱着我,哭声也越来越小了。

第二步,告诉宝宝,妈妈为什么会发脾气。我告诉小饼干:"妈妈生气是因为你不好好吃饭。当然,也可能是妈妈最近太累了,突然失去了耐心。下次你好好吃饭,妈妈一定不发脾气了,好不好?"很多人可能会认为,宝宝还小,听不懂,但只要我们用心解释,宝宝慢慢就能理解。而且当我们在对宝宝说话时,也是在说给自己听,相当于有了个倾诉的出口。

我还跟小饼干说:"宝宝,下次妈妈发脾气的时候,你可以对妈妈说'妈妈,不要生气了'。"让他用这句话提醒我,让我冷静下来。妈妈是个普通人,不是超人,不需要强硬地装作事事都可以做得很好的样子，可以向孩子求助，和孩子一起进步，共同成长。

1.6.4 对宝宝表达爱意

最后，一定要对宝宝说，虽然妈妈发脾气了，但妈妈永远爱你。这样一句简单的"我爱你"可以给宝宝带来满满的安全感。其实很多宝宝面对发脾气的爸爸妈妈，心里想的一件事就是："你是不是不爱我，为什么对我这么凶？"

我在小饼干身上深有感触。有段时间，2岁的小饼干会在我发脾气时，或者发完脾气后，问我："妈妈，你会永远爱我吗？"经过好几次之后，我明白了，他在我发脾气时，感受不到我的爱。所以，从那以后，每次发脾气我都会告诉他："即使妈妈忍不住发脾气了，但妈妈依然爱你。"而且我每天睡前都会告诉小饼干"我爱你"。有时他也会暖暖地回我一句："妈妈，我也爱你。"

那天晚上和小饼干聊完当天的事后，我跟他说了句："宝宝，妈妈爱你。"然后我开玩笑地问他："你爱妈妈吗？"他说："爱呀！"那肯定的语气，真是萌坏我了。

真的，当我们用心带娃的时候，会被娃那些充满爱意的行为暖哭的。所以，不要吝啬表达自己的爱。

第 2 章

别把宝宝当"宝宝"

对待宝宝最好的方式，就是别把他当作一个什么都不懂的"宝宝"。不要忘记宝宝是个独立的生命个体，不要忘记宝宝的学习潜力很大。

2.1 别把宝宝当作特殊存在

很多大人都会有这样的想法，觉得宝宝什么都不懂，总是用大人的思维来看待宝宝，所以就有了对宝宝敷衍了事这样的错误行为出现。其实宝宝虽小，但也需要被尊重、被理解。

2.1.1 别把宝宝当作"小皇帝"

北京大学心理学系博士、知名心理咨询师李松蔚分享过这样一段话："在一些老一辈的观念里，他是一个孩子，所以要让着他。我觉得这其实是在给孩子传递一种概念，让孩子一次又一次地相信自己是一个弱小的存在，这实际上是一种贬低，虽然看起来像是把他抬得很高。"

很多大人会觉得要先满足宝宝的需求，但这其实是在间接地告诉宝宝"你很弱小"。这种把宝宝当作"小皇帝"的行为反而会从心理上伤害宝宝，让宝宝觉得自己太小，什么都不会，日渐自卑，还容易让宝宝把"别人对我好、让着我"变成一种理所当然而不懂得去感恩。

李松蔚老师还提出不要把宝宝当作一个特殊存在："**我觉得真正对一个孩子有好处的方式，就是不把他当成一个特殊的存在**。孩子想看动画片，爸爸想看足球，但并不能因为孩子想看动画片，所以电视就被他霸占。我们可以商量，让他看二十分钟动画片，然后换爸爸看。我们可以有很多种方法去满足他，然后也满足自己。"

　　李松蔚老师提出的不过度关注、不过度沉溺、不过度满足宝宝需求的教育方式，是我们家长应该学习的。公平地、平和地把宝宝当个"小大人"来对待，更有利于宝宝成长为一个独立、自信的人。

2.1.2　别戏弄宝宝

　　我平时带小饼干到楼下玩，会遇到一些带娃的爷爷奶奶，小饼干也会和其他小朋友一起玩，一般大家都和和睦睦的。不过有一次，有个老奶奶笑眯眯地走过来，夸小饼干很可爱，然后问小饼干："你爸爸呢？"小饼干用稚嫩的声音回答说："爸爸去工作了。"那位老奶奶笑嘻嘻地说："你爸爸不爱你了，他都不来陪你玩。"一边说着一边笑嘻嘻的，她心里肯定觉得这是个很好玩的笑话。

　　小饼干却有点急了，他放下小车子，跑过来问我："妈妈，爸爸呢，爸爸会永远爱我吗？"碍于面子，我没指责老奶奶，只是抱抱小饼干，和他解释："爸爸去工作了，爸爸永远爱你，他每一天都爱着你。"我怕小饼干反复去想那个老奶奶的话，又和小饼干强调："老奶奶的话不是真的，她就是乱说的，不要当真。爸爸是爱你的。"

　　随便和小孩开玩笑，是没站在小孩的角度去考虑问题，觉得这种玩笑话无所谓，以为这就是在逗小孩玩，觉得小孩会开心。但这样做，小孩开心吗？事实是，小孩根本分不清那是玩笑话还是真话。这种给小孩制造忧虑的行为就是在捉弄小孩，让他们内心产生不安。

《好妈妈胜过好老师》的作者尹建莉老师在书中提到："逗"孩子和"捉弄"孩子是两个不同的概念。"逗"孩子应该是以儿童的快乐为前提，指成年人把自己放到儿童的位置上，以儿童能理解和接受的方式，制造出让儿童快乐的事件，其中包含着童心、快乐，甚至幽默和智慧。

比如躲猫猫游戏，当我们和宝宝玩躲猫猫时，我们就是把自己当成一个孩子，和宝宝一起玩。当我们躲起来又出现时，宝宝看到就会开心得笑起来，这才是属于"逗"孩子的行为。

关于"捉弄"孩子的定义，尹建莉老师则是这样说的："捉弄"孩子，是成人居高临下地利用孩子的幼稚，故意让孩子犯错误、哭泣和害怕，目的是逗大人高兴，给孩子带来的是羞辱、担忧和失落。

像吓唬宝宝、骗宝宝说"爸爸妈妈不爱你"、让宝宝叫别人"爸爸妈妈"等行为都是在戏弄宝宝，大人会觉得好玩、好笑，但对宝宝来说，就是一种不被尊重的感觉，他们的内心甚至是恐惧的。如果宝宝经常被这样戏弄，就会变得没有自信，不相信别人，还可能会养成说谎的习惯。

所以，无论宝宝是几个月大还是几岁，对待他们最好的方式就是尊重和理解。尊重宝宝是个独立的个体，理解宝宝内心的想法，不要去忽悠宝宝，这样，宝宝才能成为一个自尊自爱、有独立人格的人。

2.2 想让宝宝懂事，就使劲"用"他吧

很多妈妈会抱怨孩子懒、不懂事，感觉自己辛辛苦苦教育的孩子，就是那么"不合心意"。其实，孩子的大部分习惯都是生活环境和家长造成的。你怎么教育孩子，孩子就会成为什么样的人。

2.2.1 宝宝是如何变"懒"的

有一次，我带2岁的小饼干去邻居辣妈家里玩，她家有个3岁的儿子，我们偶尔会相约带宝宝一起玩。她给了小饼干一瓶儿童纯牛奶，小饼干喝完，自己跑到垃圾桶旁边，把空瓶扔进去。她看到后就夸小饼干："哇，你们家小饼干这么勤快啊，真懂事啊！"然后又吐槽自家儿子："我儿子就有点懒，让他做点什么都不肯做，叫他自己去拿水果吃，都懒得动。"

我就问她："你以前让他自己去拿东西吗？让他帮你做过事吗？"

她说："没有啊，那么小能帮我做什么呢？别帮倒忙就不错了！"

"那就对了，你从来都没让他做，他又怎么会突然就做呢？这些习惯都是在平时养成的。"

因为平时没有注意培养宝宝勤快做事的习惯，宝宝自然就容易变懒。我们小饼干从1岁多，会走路之后，我开始让他自己做点事，比如帮他换完纸尿裤，我就对小饼干说："宝贝，我们把纸尿裤扔到垃圾桶去。"他拎着纸尿裤，我牵着他的手，引导他把纸尿裤扔进垃圾桶。第一次带着他去扔之后，第二次他就懂得自己扔了，我只需要"发号施令"就好了。他也挺乐意这样做的，一般扔完后他都会开开心心地走回来，好像干了一件了不起的事。

还有，让他自己把撕掉的纸巾捡起来，玩具掉了自己捡，还教他趴到桌子底下找自己掉了的东西等。他能自己做的小事，我都尽量教他、引导他自己完成。当宝宝自己完成一件小事时，他的内心是有成就感的，这种成就感会让宝宝感到愉悦、自信。如果宝宝一直都是衣来伸手饭来张口，日常的任何事都是大人帮忙做，那他就没有"独立做事"的习惯，时间久了，就形成"让别人做事"的习惯，自然就成了大人口中的"变懒了"。

所以，如果想让宝宝成为一个勤快、懂事的小宝宝，就尽量在适龄范围内，让他自己完成一些力所能及的小事吧。

2.2.2 请宝宝帮忙

除了让宝宝自己做事之外，还有很重要的一点就是"请宝宝帮忙"。我在小红书上分享育儿知识，开玩笑说让妈妈尽量使劲"用"宝宝。

我会经常让小饼干帮我做点小家务，平时做得最多的是扔垃圾。有一次我在淘宝上买了个大件的东西，纸箱又大又有点重，我让小饼干帮忙扔到楼下的垃圾桶。那时小饼干2岁多，我陪着他一起坐电梯下楼，因为有点重，他得两只手拖着箱子慢慢地往垃圾桶挪动。迎面走来一个阿姨，她想帮小饼干把箱子拖过去，我拒绝了，我笑着对阿姨说："宝宝可以的，不用帮忙。"然后，我引导他把纸箱摆在旁边，告诉他这样子的话，清洁阿姨可以收去卖，挣点零花钱。我俩经常去扔垃圾，小区里的阿姨都认识小饼干了，夸小饼干很懂事。

很多大人会觉得宝宝很小，做不了这么"重"的活，但其实我们小看了孩子的能力，一个纸箱，能有多重？如果他努力去把这件事做成，又不会伤害到自己，这对宝宝来说就是一种成长。

有一件让我印象深刻的小事。有一天晚上，我整理了两袋垃圾，和小饼干一人一袋想拿去楼下扔掉。小饼干一个人在那等电梯的时候，我刚锁了门，把垃圾拎起来，一张大一点的塑料纸从我的垃圾袋里掉出来了。他马上跑过来捡，然后，用他稚嫩的声音说了句"帮妈妈扔垃圾"，他的另一只手还拿着一袋垃圾，"妈妈忙不过来，帮妈妈分担一下"。这样很小的一个举动真的很让我感动。

学会付出的宝宝，才能拥有一颗感恩之心，成为一个懂事的孩子。有了小饼干之后，我经常会有这样的感触：用心养育宝宝的日子里，时常有惊喜。希望这样的惊喜，大家都能拥有。

2.3 培养独立性：让宝宝自己扔纸尿裤

2.3.1 拒绝过度保护

有句老话是这样说的："想要养废一个孩子，就什么事都帮他做。"

以前刚从事新媒体行业，看到一个新闻，既震惊又感触非常大。一个 20 多岁的小伙子，整天不工作，窝在家里等他妈妈把吃的端到房间里。20 多年来一直都是衣来伸手饭来张口。等他父母病逝之后，他依然窝在家里，吃喝拉撒都在家，懒到连邻居给他肉菜，他都不想动手去做饭，更别说自己扔垃圾，照顾自己的衣食住行了。最后活活饿死在房子里。

他的父母从小对他过度宠溺，明明能自己走路了，还要拿着扁担挑着他出门，生怕磕着、碰着。这种极度溺爱的方式，让他失去了独立生活的能力，甚至连活着的欲望都没有，造就了这个成年巨婴悲惨的一生。

孩子如果从小被过度保护，最容易出现的问题是变得自卑。如果孩子生活中遇到的难题都是大人处理的，他就会习惯性地认为自己没能力处理，只有大人才能处理好，从而产生自卑、挫败感和无助等消极心理，感觉自己和一个废人没什么两样，更容易放弃自己。

一个人没有独立性，就得依附别人生活，失去自我价值感，因为他从来没有体验过通过自己的能力获得满足感和成就感。

《孩子：挑战》中说过："从婴儿时起，孩子就开始了探索自己个人价值的旅程。一旦他们发现了找到个人价值的方法，不论被责备或惩罚多少次，他们都不会放弃。"

2.3.2　独立，从小事做起

不要认为宝宝还很小，就什么事都不让他做。如果总带着"宝宝在搞破坏"这样的心态去看待宝宝，那宝宝做什么在你眼里都是错的。让宝宝做些力所能及的小事，既可以提升宝宝的自我价值感，也可以让宝宝更加懂事、独立，增进亲子关系。

宝宝能自己完成的事，不要主动帮他做。在宝宝1岁以后，我们就可以让他做一些力所能及的事情，可以是宝宝自己的事情，也可以是帮爸爸妈妈做点事。

自己的纸尿裤自己扔。小饼干会走路之后，我就开始让他做事。有一次他拉完屎，我帮他擦完屁股，换完纸尿裤之后，把纸尿裤拿给他，让他扔到垃圾桶里。他接过去，迈着左摇右晃的小步伐，往垃圾桶走去，那样子真的很可爱。扔完之后，我夸了一句："小饼干自己扔垃圾，做得很好。"他好像听懂我的夸奖，眼睛亮了起来，一副满怀自豪感的样子。

帮忙拿手机。在家时，可以跟宝宝说："宝宝，把妈妈的手机拿过来。"1岁多的宝宝一般都能听懂这个指令。当宝宝把手机拿到你的手上时，记得接过去，然后，看着宝宝可爱的小脸蛋说一声："谢谢宝贝。"宝宝内心会感到快乐和满足，充满能量。

自己剥水果吃。小饼干很喜欢吃葡萄、荔枝、龙眼，在他1岁多会走路时，我就开始让他自己剥皮吃。当然，让宝宝自己独立做事不代表我们完全不管不顾。他将葡萄放进嘴里咬，我会教他不要一整颗吞下去，让他一口一口地咬着吃，这样可以避免噎着。

随着宝宝慢慢地长大，他能做的事也越来越多，平时我培养小饼干独立性的一个小准则就是，尽可能在他能力范围内给他安排事做。比如：去超市买菜，让他帮忙提轻一点的袋子——里面装着青菜或水果；去取快递，让他帮忙拿小一点的盒子；出门扔垃圾，让他拎着垃圾，有时满满的一袋垃圾他两只手提着，走路有点晃，我也让他提着。只要他能做我都尽量让他做，是顺其自然的，他习惯了，也喜欢做。当然，有时他困了、累了不想做，或者心情不好时，我也不会强迫他。

这些在我们眼里看起来微不足道的小事，对宝宝来说却是大事。这一件又一件他独立完成的小事、适当的语言鼓励、爸爸妈妈认可的眼神，给他带来了源源不断的成就感、满足感和自信，帮助他成为一个独立的人。

溺爱，足以毁了孩子的一生。而适当放手，给孩子体验、成长的机会，培养孩子的独立性，他才能更加从容地应对自己的人生，才能更加幸福地生活。

2.4 让宝宝爱说话，我做了一件事

之前在网上看到，有人这样评论一个妈妈："你这么爱

说话,你孩子应该很聪明吧!"这话是有根据的。妈妈经常和孩子说话,孩子的语言发育和大脑发育会更好。

崔玉涛老师曾说过:1岁半的宝宝说话时吐字不清晰是十分正常的,只有极少数的宝宝会在1岁半左右说清楚话。宝宝的语言能力随着年龄的增长和认知经历的增加而不断发展,通常到3岁左右,他说出的话才能让大多数人听明白。

小饼干就是属于极少数的那类宝宝,他的语言发育一直很好,1岁半时已经能与我简单对话,吐字也很清晰。很多辣妈会问我:"你是怎么做到的?"其实答案很简单,就是多和他说话。

2.4.1 聊生活的点滴

生活中的小事,看到的花花草草、牛羊猫狗,什么都可以跟宝宝讲一讲,把很多词语灌输到宝宝的小脑袋里,这样可以促进宝宝大脑发育。

小饼干很小,一般是我在说,他在旁边跟着学。比如到楼下遛弯,看到小区里的树被风吹得晃动叶子,我就会跟他说:"宝宝,这是大树。""因为有风吹过来,所以树叶也跟着动了起来。""哇,风吹来的感觉好凉爽啊!"

有时看到天上有飞机,我会很开心地指着说:"宝宝,快看,飞机。"然后,我们会一起停下来,仰望天空,看着飞机在天空"翱翔"。小饼干也会开心地喊道:"哇,飞机啊,飞机!"那样子真是可爱极了。有时他还问我:"妈妈,飞机飞去哪里?"问这个问题时,他才两岁两个月。我就给他说："飞去很远的地方，从一个城市飞到另一个城市，上面载着很多人，有小宝宝也有大人。宝宝想回老家看奶奶，可以坐飞机回去（那段时间他时不时会说想去老家找奶奶）。"他似懂非懂地说："宝宝要坐飞机去老家。""好啊。"

樊登老师在《读懂孩子的心》中写道："大人应该向孩子解释这个世界，解释得越多，孩子的大脑发育就会越快，跟家长的关系也会越好。"

带着爱和耐心，细心观察生活，用一颗欣赏美的心去体验生活，你会发现带娃时有很多话可以跟宝宝说，每一件小事、每一个小物品都可以成为你和宝宝的"谈资"。之前有人问我："他这么小，能听懂你说爱他吗？"我回他："不说宝宝肯定不懂，你多说他慢慢会懂的。"永远不要小看宝宝的学习能力，不用担心宝宝太小理解不了你说的话，宝宝学习和理解语言也需要过程。

2.4.2　读绘本

如果想增加更多词语、给宝宝更多体验，读绘本是一个非常不错的选择。绘本的类型多种多样，可以拓宽视野，让宝宝去发现更特别的世界，在学习语言的同时，也提升综合能力。

小饼干差不多 1 岁时，我每晚睡前给他读绘本。陪读了一个多月之后，他就开始蹦出很多新词，我记得第一个是"月亮"。那时给他读绘本《晚安，月亮》，大概内容就是："晚安，月亮。晚安，跳过月亮的母牛。晚安，小熊。晚安，椅子。

晚安，小猫。晚安，手套……"有天晚上，我带小饼干在楼下玩，他指着天上的月亮说："月亮。"在给他读绘本后的一两个多月开始，他很快又蹦出很多新词：猫、狗、晚安、爸爸、妈妈……这让我更坚定了每天陪小饼干读绘本的决心。

赵忠心老师在给《1000天阅读效应》（陈苗苗和李岩著）写的推荐序中提到阅读对孩子的好处是提高孩子的语言表达能力。两位老师在书中这样写道："培养孩子的语言表达能力，家长在日常生活中，可以随时随地进行。但要使孩子的语言表达准确、规范，还得靠阅读图书。在平时，家长的语言表达毕竟具有很大的随意性，不见得很规范；而图画书的语言，都是经过作者反复斟酌、编辑精心加工过的，不仅是准确、规范的，也具有很强的逻辑性。家长原原本本地给孩子诵读书中的文字，逐步引导孩子自己阅读，不仅可以让孩子欣赏到语言的美妙，提高孩子口头表达能力，也有利于孩子文字表达能力的提高，即写作能力的提高。"

也就是说，陪宝宝阅读绘本，既能提高他的口头表达能力，也能提高他日后的写作能力，让孩子体会到语言之美。孩子在说话时，语言会更精准，更有韵味。这一点随着小饼干慢慢长大，我自己也有了体会。

有一天，小饼干奶奶跟我说："宝宝现在说话可厉害了，什么都会，像个大人一样。"奶奶的意思就是他的语言很"成熟"，像大人那样能完整地表达意思，还能加入一些比较复杂的词语去做修饰。比如，当奶奶带他去楼下遛弯，他经过奶茶店，说："奶奶，奶茶是冰的，喝了对身体不好，宝宝不喝。"说这话时，小饼干两岁五个月，一般这个年龄的小宝宝估计只能说"奶茶不好，宝宝不喝"，有的甚至还发音不准，很难表达清楚自己的意思。而小饼干却懂得用"冰的""对身体不好"这样的词来描述奶茶，他对语言的运用还是挺精准的。

当我们读绘本中的文字给宝宝听时，也是在给宝宝输入很多新词。宝宝听多了也会模仿我们去说，将听到的词运用到生活当中，自然就提高了语言表达能力。

所以，如果想让宝宝爱上说话，提高宝宝的语言表达能力，最有效的方法就是陪他说话。陪他说话的方式有两种：一种是聊生活的点滴小事，另一种就是读绘本。作为一个实操型的辣妈，我经常推荐身边的辣妈好友耐心陪宝宝多说点话，给宝宝建立一个阅读习惯，特别是0~3岁的宝宝，你会发现你的宝宝越来越聪明。

2.5　流口水太多，应这样改善

随着宝宝慢慢成长，有那么一段时间，口水流得很多，怎么都擦不完。小饼干在1岁时，我给他在脖子周围挂一张口水兜，没一会儿就湿了，一天得换五六张。那究竟是什么原因让宝宝"口水直流"呢？宝宝流口水时，应该如何改善？

2.5.1　正常情况下的流口水

宝宝流口水其实是成长的重要过程，正常情况下无须过度干预，以下两种情况即正常情况。

因长牙齿而流口水。宝宝一般在四五个月时，流口水开始多起来，那是因为宝宝在长牙齿。牙齿长出来的过程会刺激到牙龈的神经，导致唾液腺分泌旺盛，口水就会越来越多。

吃手、咬奶嘴。当宝宝在吃手、咬奶嘴时，会刺激口腔内唾液腺，从而引起流口水。

以下三个小技巧可以帮助处理宝宝流口水问题。

可以陪宝宝玩吹纸巾、吹海洋球游戏。用一些有趣的小游戏让宝宝动动小嘴，可以改善宝宝流口水的问题，例如吹纸巾游戏。把纸巾撕成小碎块，可以放在手上，放到宝宝嘴边，让宝宝把纸巾吹出去。宝宝一开始不懂怎么吹，我们可以示范给宝宝看，让宝宝去模仿。当宝宝学会后，我们也要跟着宝宝一起吹，吸引宝宝的兴趣。这样做可以锻炼宝宝的口腔肌肉，减少流口水。吹海洋球也是一样的玩法。有创意的爸爸妈妈也可以自己做些有趣的小游戏，只要能让宝宝产生兴趣，口腔肌肉得到锻炼即可。

多准备几个口水兜。宝宝流很多口水的时候，容易把衣服弄湿，要给宝宝多准备几个口水兜，及时更换。

用口水巾轻轻擦拭。如果宝宝整天流口水而不去擦拭的话，容易伤害到宝宝的皮肤，引起口水疹。宝宝流口水的时候要轻轻地用口水巾帮他擦拭，不能太用力，也不能用材质太硬的布料，尽量选择纯棉的口水巾。平时也可以用一次性棉柔巾给宝宝轻轻地擦，这样可以防止细菌滋生。此外，棉柔巾的材质比较柔软，也可以保护宝宝稚嫩的皮肤。

2.5.2 异常情况如何处理

吃辅食太精细。如果总是给宝宝吃很软、细碎的食物，比如米糊、粥、肉末，宝宝的口腔肌肉就得不到锻炼，咀嚼功能会比较差，自然容易流口水。随着宝宝牙齿长得越来越多，宝宝的辅食慢慢从精细向硬块过渡，这样不仅可以锻炼宝宝的口腔肌肉，改善流口水状态，也可以让宝宝学语言时发音更准一些，促进宝宝的语言表达能力。

睡姿问题。宝宝趴着睡，容易流口水。小饼干有段时间就喜欢趴着睡，口水把枕头都流湿了。后来我把他的睡姿调整了过来，就不再流口水了。

生病问题。有的宝宝因为有口腔疾病才流口水，比如口腔溃疡、扁桃体发炎、手足口病等，这时就需要去看医生了。小饼干在1岁的时候，就因为口腔溃疡而流口水。那时他胃口也不太好，我们去看了医生才知道具体情况。除了开药之外，医生还建议我们日常要注意给小饼干清洁口腔。

宝宝在喝奶的阶段，需要经常用清水给他清理口腔，可用手指绑上干净的医用纱布给宝宝清理奶渍。宝宝6个月长牙了，开始吃辅食之后，我们可以买手指牙刷帮宝宝刷牙，用温开水漱口。宝宝1岁后就可以用婴幼儿牙膏了，自己练习刷牙。等宝宝刷完再帮宝宝刷一下，因为宝宝还小，自己很难刷干净。宝宝的口腔清理干净，可以减少细菌滋生，预防口腔疾病。

无论宝宝是出于哪种情况流口水，都要提前准备好口水兜和口水巾。擦口水时一定要轻一些，预防口水疹的发生。如果宝宝口水疹很严重，就要带宝宝去看医生。

2.6 喜欢翻箱倒柜的宝宝，探索欲爆棚

2.6.1 探索是孩子的天性

宝宝在 1 岁的时候，喜欢翻箱倒柜，到处摸一摸、翻一翻，这时候我们不能一味地阻止宝宝去探索，这样不利于宝宝智力发育。

李跃儿老师在《关键时期关键帮助》中提到：0~2 岁宝宝主要是通过探索物质世界来发展自己。大部分宝宝 2 岁之前先探索物体表面的感觉，用手去感受物品的形状、大小，再深入探索物品的空间关系、体积、质量、因果等特性。

那么，为什么宝宝探索物品、玩玩具能让他变聪明呢？

李跃儿老师是这样解释的："孩子在探索物质的这些特性时，全身的每个细胞都处于感知和思考的状态，他们所有的感觉器官都为他们的大脑收集了有关事物的信息，于是他们的感觉器官被高度地统合起来，大脑开始恰当地工作，肢体与大脑形成了非常和谐的配合状态。大脑的工作能力在这个过程中不断增强，并创造出适合个体的思维方式，这是为日后几十年大脑工作和文化知识学习打下良好的基础。"

其实 2 岁以前的宝宝最重要的任务就是"玩"，玩玩具、玩生活中那些安全的物品，宝宝在玩的同时，大脑得到发育，

形成自己独特的思维模式，以后学习知识和工作技能时，就能更好地吸收。

所以，当宝宝探索欲爆棚的时候，我们可以根据宝宝所处的年龄段的特性，创造条件去引导他玩，让宝宝越玩越聪明。

2.6.2　为宝宝营造安全环境

有的妈妈会纠结地说，宝宝老是在家里翻箱倒柜，把家里搞得乱七八糟，很难收拾。家里的插座很危险，难道我不能阻止吗？怎么能这样让孩子乱搞呢？

其实有这样的担忧是非常正常的，我也有过。我们要做的就是给宝宝准备一个安全、可轻松探索的家庭环境，把危险的、贵重的东西收起来。营造好安全的环境之后，宝宝玩得乱一点就乱点吧，每天辛苦收拾一下就好了。

插座安装上安全盒。宝宝的手指很小，在手的敏感期还很喜欢用手指去抠洞洞，如插座孔，这样容易触电，所以，插座一定要安装上安全盒，让宝宝摸不到，或者将那些宝宝触摸得到的、家里又用不上的插座封起来。平时我们带宝宝的时候也一定要在旁边看着，别让宝宝独自接触插座。

烧水壶、剪刀、玻璃瓶等危险物品放到宝宝够不着的地方。我们不要指望那么小的宝宝能分辨什么东西是危险的，什么是安全的。在宝宝眼里，什么都是新鲜的、好玩的。他们不懂什么叫"危险"。所以，我们要细心，平时再怎么大大咧咧，有了宝宝之后，还是要打起精神、负起责任。家里的剪刀等尖锐物品要收好，让宝宝够不到。同理，烧水壶，特别是正在烧开水的水壶，一定要放到高一点的地方，如果被宝宝抓到了，那后果真是不堪设想。容易摔烂的、容易割伤人的玻璃器皿也要收起来。一切对宝宝有伤害的日常用品都要放在宝宝够不到的地方。

桌子的边角包起来。2岁以内的宝宝爬、走都不太稳，还喜欢到处爬上爬下，就容易摔倒、碰伤，而比较尖的正方桌角就容易成为伤害宝宝的利器。所以，如果家里桌椅有四四方方的边角，尽量包起来。这些包桌角的小皮条在网上或宜家都可以买得到，非常方便。

那什么东西可以给宝宝玩、满足宝宝的探索欲呢？

首先就是玩具。对0~3岁的宝宝来说，玩才是正经事。我们可以根据宝宝不同月龄的特点提供不同的玩具，满足宝宝每个敏感期的发育需求。比如，当宝宝刚出生时，需要黑白卡片的视觉刺激；当宝宝喜欢敲敲打打的时候，给他买小手鼓拍打着玩。我们也可以根据宝宝的兴趣来提供玩具，比如宝宝喜欢小车，那就给他买玩具车。

其次，家里的日常用品也能成为宝宝的"玩具"。宝宝在1岁时对身边的物品都会感到好奇，他很想知道那是什么东西，想去体验一下或摸一摸。我们让宝宝玩的同时，也能教宝宝认识物品。1岁的宝宝正处于语言发育的黄金时期，学语言也很快，这样可以一边学新东西，一边促进宝宝的语言发育。

当然，给宝宝玩的必须是安全的物品。比如，塑料瓶子、纸箱子、塑料碗。小饼干有段时间很喜欢厨具，老跑到厨房的柜子里拿锅碗瓢盆。我有时会帮他把炒菜的锅一起搬到客厅，然后给他一个铲子，让他坐在客厅假装炒菜，告诉他这是铲子，这是炒锅。

帮助宝宝探索，谨记一个原则：提供安全的物品，营造安全的环境，多向宝宝解释物品。

2.7 满足好奇心：给宝宝讲屎尿屁的故事

2.7.1 好奇心强的宝宝更聪明

1~2岁时，语言发育能力比较好的宝宝已经能够和我们简单对话了，经常问我们"为什么""这是什么"，感觉进入了"十万个为什么"的状态。这也是宝宝好奇心爆棚的表现，应该引起我们的重视。我们如何对待宝宝的提问，如何回答他的问题，就显得比较重要了。

有的妈妈一开始会耐心一些，回答宝宝一些简单的问题。但宝宝提问次数多了，她们就不知如何回答，何况还有很多家务要做，自然也没心情去搭理宝宝的"十万个为什么"了。

次数多，宝宝的热情被冷落，找不到答案之后，他自然也不再对新鲜的事物提起兴趣，不再去提问，也不去思考"为什么"，就会错过很多学习的机会。

《50个教育法，我把三个儿子送入了斯坦福》的作者陈美龄，曾在网上分享："人家问我，你教小孩子的时候，什么地方是成功的？我觉得其中一个就是我培养他们很强的好奇心。好奇心强的小朋友，特别喜欢学习。喜欢学习的小朋友，上学特别有动力。"

好奇心强的孩子会更聪明，而且学习能力特别强，无论是知识，还是生活技能、工作技能，他们都能学得又快又好。这种学习力是发自内心的、积极主动的，而不是被动地被父母催着去学习，两者的效果是截然不同的，这也是好奇心对一个人主动学习非常重要的原因。

2.7.2　保护宝宝的好奇心

保护孩子的好奇心，是我们应该坚持努力的方向。那么，如何保护孩子的好奇心呢？

满足宝宝的好奇心。在 1 岁多时，小饼干突然对屁股很感兴趣，我就给他读关于屁股的趣味科普绘本——《呀，屁股》，简单有趣地向他解释了什么是屁股、屁股有什么功效、不同国家对屁股的不同说法、屁股的种类和大小、如何正确对待自己的屁股，等等。小饼干特别喜欢听。

其实，这本绘本对于 1 岁多的宝宝，文字是有点多的，一般的宝宝是没法坐在那儿认真地听大人讲的，但小饼干听得津津有味，主要还是好奇心使然。他对屁股感兴趣，所以，能把那些别人看起来枯燥无味的图文，开开心心地边看边听完。所以，我们要相信宝宝的潜力，相信宝宝的学习能力，只要是他感兴趣的，多难多无聊的知识，他也能很快学会。

认可、鼓励宝宝提问与思考。比如，当宝宝问你"妈妈，为什么小鸟会飞"的时候,你该怎么做?

首先是认可他的提问,你可以这样回答:"宝宝,你这个问题问得太好了!"这种感觉就像我们在学生时代向老师提问,老师为了提高学生学习的积极性,就会赞扬提问者:"这个问题问得好。"两者是同样的效果,我们认可、赞美宝宝的提问,就是为了让他积极地思考,保持好奇心。

然后就是找答案。如果你懂得如何回答,可以直接告诉他为什么。但如果你不懂,也不要直接说"妈妈不知道",可以引导宝宝去思考,带着宝宝一起找答案。比如这样回答:"其实,妈妈也不知道,不过我们可以一起去寻找答案。"然后,怎么寻找呢?我们可以通过读绘本去了解小鸟为什么会飞,可以通过百度搜索,也可以看百科全书,读给宝宝听,让宝宝参与寻找答案的过程。虽然他看不懂那么多字,也不会用手机查知识,但他已经跟你学到了如何寻找答案,这些将会成为他以后主动学习、满足好奇心的重要方式。

你也可以试着去反问他:"那宝宝觉得是为什么呢?"让他试着去思考。宝宝的脑子里有很多奇奇怪怪、可可爱爱的东西,让他们动动脑子,会思考出很多新奇的想法来,这样也有利于提高宝宝的思考能力和创造力。最后,你们再一起寻找答案。(这个方法适用于言语表达能力比较强的小宝宝。如果小宝宝语言表达能力还不够好,可以过段时间再尝试,尽量避免打击宝宝的自信心。)

关于如何保护宝宝的好奇心,最重要的还是我们要给予宝宝多点耐心、多点爱。

2.8 幼儿园学前准备

经常听到很多妈妈说，宝宝上幼儿园大哭大闹，焦虑不已。有一天我姐和我说起她的宝宝第一天上幼儿园，她躲在幼儿园门口偷偷看，最后依依不舍地回家，路上一边走一边抹眼泪，担心宝宝想她，担心宝宝被人欺负……其实大部分妈妈都这样，面对幼儿园分离焦虑，总是一边假装心狠一边又暗自心疼。

爱子心切是所有爸爸妈妈的本性，所以，面对宝宝上幼儿园的焦虑情绪是可以理解的。但我们如果提前做好宝宝的入园准备，不仅可以让宝宝顺利上幼儿园，自己的心情也能舒坦很多。

2.8.1 家长要做好心理准备

李跃儿老师在《关键时期关键帮助》中提到："孩子的思维模式是视觉型的，对于没有见过的事物，他们没有相关的经验及在经验过程中的心理感受，无法想象将来的情景，也不会产生特定的感情。因此，孩子在对幼儿园产生印象之前，不会提前产生离别的恐惧。成年人在丰富的经验支持下，在给孩子进行入园前的心理准备时，常常会将自己曾经体验的分离痛苦和心理感受当成孩子的心理感受，从而将自己的情绪传导给孩子。"

也就是说，宝宝在上幼儿园之前是不会知道分离的恐惧感的，而爸爸妈妈因为懂得分离的痛苦，所以，就以为宝宝也有这种感觉。但宝宝是在事情发生之后才会有这种体验，如果爸爸妈妈把这些焦虑提前"传染"给宝宝，就会增加宝宝的分离焦虑，宝宝入园就会更难。

所以，对于宝宝上幼儿园这件事，首先要调整的是爸爸妈妈的状态，因为爸爸妈妈的情绪会直接影响宝宝。爸爸妈妈心态放松，通过行动和语言让宝宝感觉上幼儿园是一件很好玩的事，宝宝会更容易接受。比如，在宝宝上幼儿园之前的一两个月，可以和他聊上幼儿园有什么好处：有很多小朋友陪宝宝一起玩游戏，有很多玩具可以玩，还能一起转圈圈、吃好吃的，等等，让宝宝向往幼儿园的生活。

2.8.2 笑着说再见，承诺接宝宝

当我们面对宝宝哭闹、抗拒去幼儿园时，总是会心乱如麻，心软和焦虑就会涌上心头。这时微笑着和宝宝道别比一切都管用。不要一边哭着一边躲在角落里偷看，要是让宝宝发现了，宝宝会更加不安。他会觉得幼儿园果然不好玩，不然妈妈为什么这么不放心，这么伤心。

不管你愿不愿意，假装云淡风轻，微笑着说句"宝宝，拜拜"，更能给宝宝安全感。

除了微笑着跟宝宝说句"再见"，还有很重要的一句，就是"妈妈（爸爸）一定会来接你"。如果爸爸妈妈没空接，就告诉宝宝，家里其他人会来接，比如，爷爷奶奶、外公外婆或家里请的阿姨。一定要让宝宝知道，自己不是被放在幼儿园里不管了，每天放学都会有人来接他回家。

很多宝宝不愿意去幼儿园，是因为担心被抛弃，他们可能会这样想：

"妈妈是不是不爱我了？"

"妈妈为什么不来接我？"

"妈妈会不会忘记来接我？"

所以，一定要告诉宝宝有人去接他。如果可以的话，最好是爸爸或妈妈去接，这样更能给宝宝安全感。

如果宝宝平时有喜欢的安抚物，也可以带去幼儿园，这样可以给宝宝带来安全感。小饼干就经常喜欢抱着他的大毛巾（很小的时候给他盖肚子用的），他去上幼儿园小班时，我就把这条毛巾放书包里，告诉他"想妈妈的时候可以抱着它"。

2.8.3　学会生活自理

建议最晚提前半年为宝宝做入园准备。一般宝宝都是在 3 岁或 3 岁多开始上幼儿园，3 岁的宝宝才开始能讲出大人听得懂的话，生活自理能力也相对好了很多。所以，如果提前半年做入园准备，也就是在宝宝 2 岁半的时候就要做准备了。

让宝宝提前练习自己吃饭，自己喝水，训练自主排便、自己穿 / 脱鞋子、穿 / 脱衣服等生活自理能力。

老师要照顾二三十个宝宝，没法一一照顾每个宝宝。如果宝宝不好意思或不懂得去开口找老师帮忙，自己又无法自理，那他在幼儿园就会感觉困难重重，就不愿意去了。当宝宝能够照顾好自己时，他在幼儿园才能适应。

宝宝自主吃饭、喝水。宝宝其实在 1 岁多就可以学习自主吃饭了，如果平时没注意培养自主吃饭，那在 2 岁或 2 岁半的时候就可以开始着重培养了。喝水也是，2 岁半的宝宝手部精细动作已经做得很好了，他完全有力气自己打开和关上水杯，平时就让他自己完成，不要帮他开关水杯，喝水时也不要帮他拿着。

如厕训练。在宝宝 1 岁半到 2 岁之间进行如厕训练比较好，过了 2 岁再做如厕训练会比较难。宝宝如果学会如厕，就可以减少在幼儿园尿裤子的恐惧感。

让宝宝自己穿/脱衣服、鞋子。衣服从穿简单的夏装开始，鞋子从穿拖鞋开始，慢慢教宝宝。宝宝能够自己完成时不要帮他做。当他第一次独立完成时要鼓励他，这样他会很喜欢自己完成。

2.8.4　培养语言能力

宝宝如果能够清楚地表达自己的需求，能够与老师对话，能理解老师讲的道理，就可以减轻很多心理负担，也不会觉得幼儿园生活很困难，自然会更好地融入其中。

1~2 岁是宝宝语言发育的黄金时期，家长要多和宝宝说话，每天尽可能输入新的词语，促进宝宝的语言发育。如果错过了这个黄金时期也没关系，从 2 岁多开始，尽量陪他说话，教他一些上幼儿园需要用到的词句，在生活当中自然地运用。

2.8.5 相信老师，积极沟通

很多妈妈担心宝宝在幼儿园被小朋友欺负，被老师打，这种事情一般不会发生，大部分属于家长焦虑过度。既然认真地选择了一个幼儿园，就要相信幼儿园老师能够负责任地照顾好孩子。与其怀疑老师不负责任，为没发生的事情烦恼，还不如一开始就选择信任老师，细心观察宝宝的状态，再和老师适度沟通，这样才是对宝宝最好的。

有的家长也会问，宝宝放学回家要如何正确地与他沟通，了解他在幼儿园的情况呢？

不要问孩子有没有人被人欺负，也不要紧张或担心，孩子能感觉得出来你对幼儿园的态度。如果你表现出怀疑，问"有没有人打你"这样的问题，会让宝宝觉得"幼儿园不好玩，妈妈都这么担心"，他就不喜欢去幼儿园了。

应该积极地正面引导，可以从积极的提问开始。比如问宝宝说："宝宝，今天有什么好玩的事呀？""老师带你们做什么好玩的游戏呀？妈妈也想玩。"尽量往好的方向引导，当宝宝打开了话匣子，他有时提到一些不开心的事，也不要着急，可以先和老师沟通，了解情况，再决定如何处理。

2.8.6 入园绘本辅助

关于绘本的推荐，是必不可少的了。通过书来引导孩子了解、喜欢幼儿园，缓解分离焦虑，效果会更佳。在这里我想推荐几本市面上比较受欢迎、我自己也比较中意的入园绘本。

《我爱幼儿园》，作者是法国的塞尔日·布洛克，这本绘本畅销法国十几年了，书里讲述的是一个小男孩入幼儿园的心理过程，也介绍了幼儿园里都有什么：老师介绍、规则介绍、吃饭时间、午休时间、游戏时间、学习时间等。既让大人了解孩子上幼儿园的内心，更好地安抚宝宝，也能作为一本幼儿园介绍手册，让宝宝提前了解幼儿园的生活。

《魔法亲亲》，作者是美国的奥黛莉·潘恩。这本书可以缓解宝宝的分离焦虑，非常温馨有爱，令人动容。故事里的小熊不愿意去幼儿园，害怕和妈妈分开，妈妈教给他一个特别的方法——"魔法亲亲"。妈妈在小熊的手掌心里亲了一下，留下了一个吻，当小熊觉得孤单、想念妈妈的时候就可以把手贴在脸上，就像妈妈陪在他身边一样，这样他就不再感到孤单和恐惧了。这本书让我想起当初读《妈妈，你会永远爱我吗》时那种感动到流泪的心情。这世上没有什么比爱更充满力量，也只有爱最令人感动。

《妈妈一定来接你》，图文作者分别是星星鱼、王落。这是一本给宝宝安全感、安抚宝宝内心不安的图画书。宝宝上幼儿园经常会担心的事就是"妈妈会不会来接我"，当宝宝知道妈妈会来接他回家时，就不会那么害怕离开家去幼儿园了。作者用丰富的想象力告诉宝宝，妈妈一定会来接宝宝，无论遇到多大的困难，比如，工作堆得像山一样高，刮大风，路上车堵了一条街，妈妈都会克服各种各样的困难，按时来接宝宝。

上幼儿园只是宝宝漫长人生中一个小小的经历，爸爸妈妈不用过于紧张，放松心情，做好准备，也要相信宝宝有能力做得好，其他的就顺其自然，交给时间吧。

2.9　性教育，要胆大心细

随着互联网越来越发达，现在关于性侵儿童的事件一旦曝出来，定会引起全社会的愤懑，导致父母的恐慌。毕竟小孩是那么天真烂漫，又那么脆弱、不堪一击，我们都害怕恶魔之手伸向我们可爱的宝贝。现在很多家长开始重视性教育，也有很多专家提出，孩子的性教育从小就可以普及。

我们很想保护自己的孩子，却又没办法时时刻刻在他们身边，所以，最重要的就是教会他们如何保护自己。只有宝宝科学地了解性，才能更好地保护自己。不要因为宝宝很小，就觉得性教育没必要，坏人并不会因为宝宝年龄小就放过他。

2.9.1　0~3岁宝宝需要掌握的性教育

出生教育：我们可以跟宝宝说，宝宝是从妈妈的身体里出来的，妈妈的身体里有一个叫"子宫"的地方。告诉宝宝，宝宝是爸爸和妈妈爱的结晶，小宝宝在妈妈的子宫里是如何一点一点成长到出生的。

性别教育：关于性别教育也是越早教给宝宝越好，让宝宝明白男女有别。爸爸妈妈要告诉宝宝，自己是男孩还是女孩，而男孩和女孩身体有何差异，比如男孩有阴茎，女孩有阴户，男孩站着尿尿，女孩蹲着尿尿等。

正确对待隐私部位：爸爸妈妈要告诉宝宝，自己的隐私部位不能随便给别人看，也不能让别人摸，而宝宝也不能去偷看和随意摸别人的隐私部位，这是不礼貌的行为。

如何保护隐私部位：宝宝可能会出于好奇，想去摸一下自己的隐私部位，如果不频繁，不影响宝宝身心健康，我们无须强行制止。我们要告诉宝宝如何爱护自己的隐私部位，比如：手要洗干净了才能去摸自己的性器官，不能伤害自己的性器官，要把自己的性器官洗干净。

关于性教育的这些小知识，我们也可以通过性教育绘本辅助进行，效果会更佳。

2.9.2　父母在性教育中应该怎么做

小饼干 2 岁的时候，有一次来撩我的衣服，指着我的胸，问我这是什么。虽然一开始会有点尴尬，但我自然而平静地告诉小饼干：这是妈妈的乳房，女生特有的，而男孩子的胸部是平的。即使他没有很懂，我相信他慢慢会理解的。这样满足他关于性的好奇心，不会让他觉得这是件大惊小怪的事。

如果我们不向宝宝解释，他关于性的探索欲得不到满足，就会从别的地方找答案，这样反而不利于他的健康成长。满足了好奇心之后，他就不会有窥探心理了，同时也科学地学到了关于性的相关知识。

平时不要在宝宝面前换衣服，想让宝宝保护好自己的隐私，我们大人要先做好榜样。对孩子来说，言传身教永远是最好的教育。但如果当我们在换衣服时，不小心被宝宝看到了，也不要大惊小怪地责怪宝宝，不要简单粗暴地赶宝宝出去。

我们可以平和地向宝宝解释说："妈妈在换衣服，不能偷看。宝宝在外面等妈妈吧，宝宝换衣服也不能让别人看。"这也是给宝宝科普性教育的好机会。

对于宝宝的性教育，我们要做到胆大心细。很多爸爸妈妈会觉得被宝宝看到自己裸露的身体很尴尬，但其实把自己当性教育模型，科学地向宝宝解释人体的器官，也是对宝宝进行性教育的好办法。

所以，不要把性教育当成一件难以启齿的事，应该把这件事当成宝宝学习新知识的小小科普课，就像学习如何说话、吃饭、喝水一样自然就好了。你的心态越放松，宝宝越能正确对待性，并且对性拥有正确的、成熟的认知。

2.9.3　0~3岁性教育绘本推荐

《小鸡鸡的故事》：这本绘本主要是让宝宝了解男孩子的性器官，男孩和女孩都可以看，毕竟性教育不分男女，男孩会对女孩的身体感兴趣，而女孩也会对男孩的身体感兴趣。

《乳房的故事》：这是一本关于女性乳房的科普书，用宝宝可以接受的形式来科普妈妈的乳房是什么样子，满足孩子对妈妈及对其他女性乳房的好奇心。同样是男女孩都可以看。

《小威向前冲》：关于精子与卵子结合的故事，讲述了爸爸妈妈相爱后，妈妈如何怀上宝宝，精子和卵子成功结合的过程，通过生动有趣的故事让孩子明白自己是如何来到这世上的。

《我们的身体》：这本图画书，小饼干特别喜欢，页面上设计了一些可以推拉的小"机关"，宝宝可以一边看一边参与小游戏，我觉得这是每个小朋友必读的一本绘本。它解释了宝宝成长的全部过程，从爸妈相爱、怀孕、产检、待产、生孩子及宝宝出生后每个年龄段的身体特征都有呈现，而且书中还有男孩和女孩在成长过程中的身体差异。这本图画书适合0~3岁的宝宝看，更适合大一点的宝宝看。爸爸妈妈可以根据宝宝所处的年龄段，将内容挑着讲，按照宝宝喜欢的方式去给宝宝讲。

《呀，屁股》：小饼干1岁多的时候特喜欢这本绘本，一直读到2岁多，这是关于屁股的科普书，用有趣的语言和图画来向宝宝介绍屁股，包括屁股的功能、种类，不同人种、不同动物的屁股各有不同，如何正确对待自己的屁股，等等。对于屁股的解释还是比较全面的，能很好地满足0~3岁宝宝对屁股的好奇心。

第 3 章

带娃需要仪式感

谈恋爱、经营婚姻需要仪式感，带娃也是。仪式感能让带娃的日子从平淡无奇到趣味多多，给一个小小的家庭带来快乐与幸福。

3.1 带娃也可以很有趣

有人说，现在社会熊孩子越来越多，也真难带。我反而觉得，只要方法对了，带娃也可以变得很有趣。有趣经常可以让育儿效果事半功倍。

在聊自己的育儿经之前，我想先聊聊自己初中是如何爱上学英语的。我中学时的英语成绩在班里经常都是数一数二的，主要原因是：我觉得我的英语老师很有趣。那时我那位可爱迷人的英语老师，总能想出各种有趣的法子给我们上课。不知不觉间，我非常期待上英语课，上课特别认真，自然学习效果也很好，英语分数直到高中也一直保持得很好。

所以，在育儿方法上，有趣同样也是非常奏效的。可能因为我的性格就像个孩子，喜欢搞怪，所以在带小饼干的时候，我总是能想到不少有趣的方法，来治服小饼干这个磨人的"小妖精"。

3.1.1 "哎呀，宝贝，快帮帮妈妈"

有一次，我独自带小饼干去宜家玩。对于1岁多，正处于学步期的小饼干来说，他最喜欢自己到处乱跑，甚至还不让大人牵手，然后我就想到了一个"好方法"，让他乖乖地和我一起走。

正在小饼干准备跑的时候，我假装自己拖不动购物车，跟小饼干说："哎呀，哎呀，妈妈拖不动啦（戏精妈妈上线）。"听到"哎呀，哎呀"这样搞怪的语气，他马上停下好奇的小脚，笑着望向我；我就继续"套路"他，拉着他的小手，让他的小手去摸着购物车。这样他就成功地和我走在一起啦，还一副扬扬得意的样子，毕竟被需要的宝贝也是很有自豪感的。

其实，小宝宝和我们大人一样，也追求自我价值感。当他感觉自己被需要的时候，他会感到自信、自豪、开心，这样他的状态也会越来越好，愿意配合妈妈做事。

所以，在育儿路上，巧妙地让宝宝"帮忙"，也可以起到很好的育儿效果。

3.1.2 "快来洗手，小兔子等太久会不开心的"

随着宝贝慢慢长大，他会越来越贪玩，也逐渐有了自己的想法，懂得拒绝自己不想做的事情。这时采用"交朋友 + 同理心"的方式，可以达到超好的养育效果。

小饼干的语言发育超前，在1岁半的时候就懂得开口说"不要"了。这意味着宝宝自主意识的建立时期到了，这是好事，也是挑战，因为我们又要开始和宝宝斗智斗勇了。

小饼干有段时间对洗手特别抗拒，有一次吃完午饭，想带他去洗手，他一边大哭一边挣脱，那种感觉就像要上刑场一样。

后来我想到他很喜欢洗手液上的小兔子图案，就和他说：

"宝贝，快来，小兔子在水里等你一起洗手呢。"他小小的眼睛亮了起来，但迟迟不挪步，似乎在思考着什么。我见他有反应，就继续"套路"："你怎么还不来呀，小兔子等太久会不开心的。"然后，他就真的来啦，吭哧吭哧地跑向我，双手拿着印有小兔子图案的洗手液乱搓一通。

下次洗手的时候，我就慢慢教他用自己的左手去搓右手，再用右手去搓左手，循序渐进地教他学会洗手。现在带他去洗手时，他都懂得搓洗自己的小手了。因为小饼干年龄比较小，才1岁半，搓洗得不是很干净，最后我还要帮他再搓一下，但他已经很不错啦。有时看着他认认真真地搓洗小手，我都忍不住在旁边傻笑了起来，他也会跟着我哈哈哈地傻笑起来。渐渐地，洗手在小饼干幼小的心里，已经变成一件愉快又好玩的事了。他就再也不去抗拒这件事，反而每次洗手都是兴致勃勃的样子。

育儿方式千千万，我们能做的就是尽可能地选择让孩子和自己比较愉悦的育儿方式，这样带娃的日子才不会显得枯燥无味，甚至充满负能量。一个心情愉悦的妈妈，带出来的孩子才会更幸福快乐。

所以，放下成年人的包袱，放下当爸爸妈妈的权威，站在孩子的角度，你会发现，带娃真的会越来越有趣，并且育儿效果还能事半功倍。育儿路，越来越顺，娃也越来越好带。

3.2　陪宝贝过好每个生日

3.2.1　每个特别而温馨的日子，都是宝贝最美好的回忆

《小王子》里写道：仪式感就是使某一天与其他日子不同，使某一时刻与其他时刻不同。

我一直认为，仪式感是人生最好的调味剂。如果人生没有仪式感，活着就只剩下腻味和平淡了。这就是为什么我们有生日，有春节，有圣诞节，有结婚纪念日等特别的日子。

所以，我特别看重小饼干的每一个生日。陪宝贝过好每一个生日，是我成为妈妈之后，每年最重要的，也最期待的事情之一。

随着自己年龄和阅历增多，我越来越觉得，人生还是要多一些这样温暖人心的时刻。每一个特别而温馨的日子，都将成为爸爸妈妈和宝贝最美好的回忆。

3.2.2　写给小饼干一周岁生日的信

小饼干过第一个生日时，是在工作日，我和先生都挺忙的，白天都上班，有时还经常加班写广告稿，所以我们把生日选

在周末过。

我在网上提前买了生日会布置套餐、生日新衣、一组相框（可以放下宝宝1~12月的12张照片），还预订了生日蛋糕、生日餐厅。

小饼干，谢谢你爱妈妈

亲爱的小饼干：

祝你生日快乐！

今天是你来到这个世界的第366天，也是我们共同成长的第366天。谢谢你来到妈妈身边，让我知道，这世上还有这么美妙的幸福！爱着你，也被你爱着，真的很暖心。

仪式感有一种让人幸福的魔力。《小王子》里说：仪式感就是使某一天与其他日子不同，使某一刻与其他时刻不同。

所以，妈妈想在你生日这一天，用一种有仪式感的方式给你送份特别的礼物——给你写封信。这是我们之间的第一封信哦！

记得你刚出生那天，你爸爸的表现超可爱。他看着只有6斤大小的你软乎乎地躺在医院的小床上哭，想抱抱你又怕他粗糙的大手把你"抱"伤，一直问我怎么办。

在我的鼓励下，他第一次抱起了你，他是我们家第一个抱你的人哦！一个体重160斤，身高179的大汉抱着一个6斤的小婴儿，真的好有爱呢！你爸爸很爱你！

今天，是你的生日，也是妈妈这一生最幸福的一天。

去年的今天，你还只是一个喜欢睡觉和喝奶的小宝宝，现在你已经会叫爸爸妈妈，会给妈妈鼓掌加油了。妈妈感受到了你的爱，真的很开心！

前段时间，你奶奶说，你每到晚上六七点会爬到家门口，烦躁不安甚至哭闹。妈妈知道你是在等爸爸妈妈回家，妈妈知道你深深地爱着我们，爸爸妈妈也爱着你！被你爱着，是我这辈子最幸福的事，妈妈感觉超幸运！

其实，没有你之前，妈妈也是个贪玩的孩子，一直都不想长大。是你的出现，让我想要成为更好的自己。谢谢你，让妈妈又有了进步啦！

小饼干，妈妈谢谢你。谢谢你，让我成为你的妈妈；谢谢你，爱着妈妈，带给我快乐；谢谢你，让我变得勇敢；谢谢你，领着妈妈一起成长，做一个更好的妈妈。

小饼干，妈妈爱你。妈妈爱你，和你以后的成绩好坏无关，和你有无出息无关，和你结不结婚无关。

我们最大的愿望就是希望你健康快乐地成长。未来不管你发生什么事，受到什么委屈或遇到什么困难，请记得，爸爸妈妈是你坚强的后盾，我们永远支持你，永远爱着你！

——来自爱你的、美丽善良的妈妈

2019 年 4 月 25 日

每年给宝宝写一封信，虽然他现在看不懂，但在他懂事之后，可以清楚地知道自己的妈妈如此地爱他。这也是一种好的示范，当他以后有了自己的生活、自己的家庭，他也会把这种爱和仪式感的美好传递给自己的孩子，以及他身边的朋友和爱人。给别人带去爱和温暖，他也会活得更加幸福。

养育孩子还有一件非常重要的事，就是"爱就要表达出来"。很多父母非常爱孩子，却一直在语言或行为上打击孩子，甚至不知不觉地伤害孩子。所以，如果你爱自己的孩子，请不要觉得不好意思，你可以随时告诉你的孩子：你爱他，无论如何你都会无条件爱着他。

孩子很需要安全感，想要明确地知道父母是爱他的。这样他的安全感会很充足，幸福感会更高，也会更加健康有爱，在遇到挫折与困难的时候，心理承受能力会更强。

3.3 让宝宝爱上读书，从"玩"绘本开始

如果宝宝从小就养成阅读习惯，那么，培养阅读的兴趣，就是一件自然而然的事了。

3.3.1 陪宝宝读绘本的好处真多呀

格林文化创始人郝广才老师认为"绘本是孩子进入阅读世界的不二法门"，他曾在《好绘本如何好》中写过这样一句话："我相信读好书的孩子，可以从书中找到生命的力量。"

对于郝广才老师的理念，我深信不疑，这也是我每天雷打不动，坚持陪小饼干读绘本的原动力。我的初衷是培养他爱读书的好习惯，在亲子阅读中，我与小饼干的亲子关系加深了，读书这件事潜移默化地塑造着宝宝身上的各种能力。只要我选的书是好书，对小饼干的影响是正面的，那就足够了。

小饼干在差不多 10 个月大的时候，我就开始给他读绘本。到了差不多 1 岁半的时候，他已经可以说 300~400 个词。当小区里的同龄宝宝还在咿咿呀呀学叠词的时候，小饼干已经

可以说出一句完整的话，唱出一句完整的歌词，还能和我进行简单的对话了，这让我更加坚信读绘本的神奇力量。让我印象深刻的是，在小饼干一岁七个月的某一天，他中午刚吃完饭，我就开玩笑地问他："小饼干，晚上想吃什么呀？""吃（他停顿了一下）胡萝卜"（又停顿了一下），"吃哈密瓜"。那一刻我惊呆了。

陪小宝宝读绘本的好处非常多。拿小饼干来说，在一次又一次地自己翻书和看书的过程中，他的手部精细动作，手眼协调能力得到了很好的锻炼；由于语言发育上突飞猛进，小饼干渐渐成了爱说话的宝贝，性格也很开朗，小区里的小朋友很喜欢和他玩；专注力明显提高，从几分钟增加到半个小时以上；更重要的是，每次陪小饼干读绘本，他都感觉很快乐，读绘本成了高质量陪伴宝宝、促进亲子关系的重要方式之一。这些都是显而易见的好处，还有一些短时间内不可见的好处，比如，丰富孩子的精神世界，提高想象力、认知能力、创造力等。

所以，我越来越坚信，每个家庭，每对父母，都应该放下手机，放下工作，在睡前用心地陪孩子读读书，聊聊天。即使每天只有 20 分钟，也会有令人意想不到的美好收获。

3.3.2　绘本这样读，专治各种"没兴趣"

让小饼干爱上读绘本，我的技巧就是"有趣"。让宝宝觉得读书就像玩一样有趣，这样宝宝就会慢慢爱上读书啦，就像郝广才老师所说的："阅读是最好的游戏，绘本是最好的玩具。"宝宝感兴趣的东西，才能最好地刺激他的大脑发育，激发他的学习力。

陪宝贝读绘本，一开始状况都差不多，宝贝不是爬来爬去，就是拿起书来扔和撕。

有妈妈说，看到宝宝不感兴趣，她就放弃了，但我选择继续读下去。而且我还特意提高嗓音，夸大语气说"哇哦"，他的小眼神马上往我这边瞄，然后爬过来，抓我的书，看看有什么好玩的东西，那样子实在太萌了。

运用几次夸张、搞怪的语气和动作之后，这个磨人的"小妖精"很快就被我治服了，慢慢对绘本产生了兴趣。现在他没事就自己跑去书架取书，一边抱着书，一边说："妈妈，读《大卫》"。

有一次，邻居妈妈带着宝宝来我家交换绘本。到了我们家之后，她看着我们的书架，说："你们的绘本好多啊，小饼干这么小就已经读了这么多的绘本！你每天晚上都陪他读吗？"

我说："是呀，我每晚都要陪他读完才睡觉。如果白天他喜欢，也可以读一读。他现在都经常拿着绘本叫我给他读，有时要读上十几遍。"

她拿起绘本《我爸爸》，问我具体如何陪读，才能让宝宝感兴趣。看到邻居妈妈羡慕的眼神，我又唠唠叨叨地分享起自己的育儿经。

其实，让宝宝爱上读书的方法很简单，就是"有趣"。在我们成年人的眼里，可能这是在读书，在学习，但在宝宝的眼里，他只对"有趣"的事物感兴趣。

在给宝宝读绘本的时候，可以用不同的方式来吸引宝宝的注意力，引起他的兴趣。

演。用表演的方式来演出绘本里的情节。小饼干有段时间特别喜欢读《我爸爸》，那本书已经被他翻烂了好几页。一开始在陪他读《我爸爸》时，他是没有什么感觉的，爬来爬去，不是很喜欢。后来我用了"演"的方法，让他咯咯咯地笑个不停，然后就爱上了《我爸爸》。比如，在看到"他踢足球的技术一流"，我就拿着一个足球，在小饼干面前有模有样地踢了起来，他就特别开心地学着踢，踢完我俩又继续看下一页。

唱。用"唱歌"的方式，将绘本中的文字变成歌词，唱给宝宝听。我们可以在唱的时候，指着相应的图片，吸引宝宝的注意力。在小饼干有了一定的阅读基础后，我渐渐会给他读一些超龄的绘本，文字比只有几个字的大图绘本多。可能是因为比较生疏，有一些他也无法理解，会感觉有点无聊，不太感兴趣。所以，我有时会采用唱歌的方式，把书中的文字一字一字地按照自己喜欢的曲调一顿乱唱，他反而笑个不停，然后，又成功地将他的注意力转移到绘本上了。

夸张的表情和语气。在读绘本期间，可以有意地夸大语气，用夸张的表情来吸引宝宝的注意力，让他觉得好玩，引起宝宝的阅读兴趣。在给小饼干读《月亮的味道》时，小饼干对小老鼠咬下一口月亮的画面印象深刻，且非常喜欢。每次读到那一页，他都满怀期待。读到那一段话时，我的语气比较夸张且语速也加快了，在读"咔嚓"的时候，我的声音很大，语调欢快，嘴巴张得很大，假装自己咬了一口月亮；在读"然后，老鼠又给猴子、狐狸、狮子、斑马、长颈鹿、大象和海龟，都分了一口月亮"时，我特意把几个动物名字加快了语速，他听到之后笑个不停。这样的阅读方式会让宝宝觉得好玩，感到开心，他就会印象深刻，想要"再来一次"。

互动。读过几遍《月亮的味道》，我想着小饼干应该记住了不少动物的名字，所以，就开始和他互动。在读到"爬到山顶，月亮近多了。可是，海龟还是够不着。海龟叫来了大象"时，我没有把大象说出来，我问他"海龟叫来了谁"，然后手指着大象的图案，他就兴致勃勃地说"大象"，声音很大，语气里满满都是自信，然后我就鼓励他说："对啦，宝贝记性很好。"他一脸自豪地抿嘴笑。

在陪宝宝读绘本时，适当的互动与鼓励可以提高宝宝的自信心。但是，千万不要对着小宝宝说："你读懂了吗？""你明白什么道理吗？"这样只会打击宝宝的阅读兴趣。读书不是一定要明白什么道理，只要宝宝读得开心，影响是正面的，那就足够了。

朗读。朗读是最常用的阅读方法了，就是直接将绘本的内容读给宝宝听。

这五个是我经常用的方法，"好玩""有趣"就是让宝宝爱上读书最好的助攻。读好书，读绘本，从各方面塑造宝宝的能力，可以让宝宝日渐成为一个充满智慧和能量的人。

最后我想强调一下，让宝宝爱上读书最重要的一点，就是**坚持，坚持，坚持**。不要嫌我唠叨，很多爸爸妈妈就输在了坚持上。如果宝宝从小就养成阅读习惯，培养阅读的兴趣就是一件自然而然的事了，让我们一起加油吧！

3.4　睡前仪式感

3.4.1　为什么要有睡前仪式感

19世纪美国心理学家詹姆斯在长期观察人们的情绪和行为之间的联系后提出了表现原理。在我们常规的意识里：当我们心情好时，我们会笑；当我们心情郁闷时，会皱眉头。我们的脸部表情会随着心情的变化而变化。表现原理是：当我们微笑的时候，心情会变得愉悦；当我们皱眉头的时候，心情会变得低落、不开心。这与我们的常识正好相反，不是因为有了某种行为，才会有某种心情，而是因为想要拥有某种心情而去做出某种行为。

所以，当我们想让孩子感到更特别，更美好时，可以特意制造一种与平时不一样的仪式。不同的氛围，孩子的体验肯定也会不一样。这种特定时间的美好仪式感，给孩子带来更多快乐与温暖，让孩子更加记忆深刻。

我爸妈很重视老家的过节习俗，给了我很多温暖又美好的童年回忆。在我很小的时候，我们生活在一个很小的沿海乡村，一到节日就要拜祖先、拜神、拜妈祖等。记忆中我很喜欢这些节日，因为可以吃到很多平时吃不到的美食。平时我爸妈比较节俭，除了正常买三餐需要的食物和适量的水果，其他东西是不太舍得买的。只有过节会买好吃的东西来祭拜，比如面包店里香甜可口的烤面包、菜市场里各种各样的水果，还有很多肉类。我和弟弟非常喜欢吃肉、零食和水果，有时会因为谁多吃了一颗苹果，自己少吃了而感到不公平。而这样的节日就像我俩的"美食开放日"，我俩不会因为自己少吃了一点而感到不爽。

现在回想起来，那些固定的祭拜节日，就是爸妈给我们的美好仪式感，内心是满满的温暖和愉悦感。

所以，我平时也很注重给小饼干制造仪式感，尤其每天的睡前仪式感是我和小饼干必不可少的重要"节目"，给宝宝的童年埋下了幸福的种子。

3.4.2　睡前仪式感需要爱与用心

睡前制造仪式感不需要很复杂，关键在于有没有用心地营造一种氛围。

小饼干在一岁十个月的时候，突然问我："妈妈你会永远爱我吗？"那一刻我愣住了，我在想：懵懂无知的小宝贝真的能理解这句话是什么意思吗？但经他好几次的提问，我感觉他确实是真的理解这句话的意思了。我渐渐地发现了规律，每当我没时间陪伴他，或者陪伴质量比较低时，他就会问我这句话。这让我感受到，当他问我这句话时，是"他不确定我是否爱他"的语言信号，正是需要我表达爱意的时候。很庆幸，小小年纪的他就懂得表达，并愿意提出自己的疑问，给了我反省的机会。

其实，在爱的索取上，孩子就像你身边的亲密爱人，渴望赞美，更渴望被爱。所以，从那一刻起，我决定每天给小饼干一个"爱的睡前仪式感"。

睡前读绘本。在小饼干 1 岁时，我就坚持每晚睡前陪小饼干读绘本，现在他已经养成午睡前和晚上睡前都要读绘本才能睡着的习惯。每次读 15~30 分钟，具体根据宝宝的喜好来定。睡前读绘本切记不能太"嗨"，这样宝宝容易兴奋睡不着。

每天睡前抱一抱宝宝，说句"晚安，我爱你"。对小宝宝来说，爸爸妈妈爱的拥抱和爱的言语表达，永远都不嫌多。每天给宝宝满满的爱，宝宝才会更加勇敢、更加自信、更有安全感。

夸一夸他每天做的某件值得称赞的小事。每天回忆当天和宝宝一起做过的各种小事，然后从中挑选一件宝宝做得还不错的小事，对宝宝进行鼓励、赞美或表达感谢。这件小事可以很简单，比如，宝宝今天对妈妈说了句"我爱你"，可以告诉宝宝，"妈妈今天很开心，你说了爱妈妈，谢谢你爱妈妈"；再比如，宝宝今天帮妈妈拿了垃圾，帮助了某个小朋友，做了某件勇敢的事情。这样不仅会给宝宝带来愉悦感，也能提升宝宝的自我认可度，增强宝宝的自信心。

当然啦，这是我个人给小饼干的睡前仪式感，不是一成不变的，各位爸爸妈妈也可以根据自己和宝宝的需求进行适当的调整。

睡前的美好仪式感，流露着爸爸妈妈对孩子诚挚的爱，让孩子每天都能感受到父母的爱与关怀。即使有时我们没空陪孩子，但那些仪式感所带来的深刻记忆会一直陪伴着他们，让他们清楚地知道"爸爸妈妈是爱我的"。这些会给孩子带来满满的爱与安全感，帮助孩子成为一个幸福、有爱、自信又独立的人。

3.5　陪伴的仪式感：周末家庭聚会

经营一个温馨美满的家庭，永远离不开夫妻彼此用心的付出。

我经常听到很多妈妈抱怨老公下班回家就是葛优躺、刷手机，即使带小孩，也是一副漫不经心的样子，分分钟想发飙。有一次我姐姐搬新家，在整理卧室杂七杂八的东西时叫我姐夫进去帮忙，催了好几次，我姐夫始终坐在那儿一动不动，还笑嘻嘻地刷抖音里的视频。而我姐姐一个人一边把全部东西整理好，一边抱怨。

在我们下楼往回走的路上，她还怒气冲冲地指着我姐夫说："我告诉你，以后我要是和你离婚，绝对是因为手机。"

这种感受我也有过，当我早起准备好早餐后，希望老公坐下来陪我一起吃饭聊天，结果他却坐那儿，一手拿着手机，一手舀着蒸蛋往嘴里塞，眼睛直勾勾地盯着手机。那一刻我也很想发火，只是为了家庭和睦而忍住了。

所以，我就想制造一个定期的家庭聚会，让我们彼此能好好坐下来聊聊天，而不是把时间都交给手机。

我后来心平气和地跟老公"约法三章"：吃饭的时候不要看手机；每周抽出一点时间，一起看个电影（等小饼干大一点了，可以一起看个家庭电影）；或者一家三口一起去图书馆逛逛、去海边玩玩，等等。总之，无论多忙，每周一定要有一次家庭聚会。一般大家都在周末才有时间，所以，就定为周末家庭聚会，这样让陪伴更有仪式感，更有意义。

虽然老公经常出差，没有很严格地执行周末家庭聚会，但只要我们有空闲时间就会一起完成。在小饼干2岁的时候，我们组织了一次"周末家庭聚会"——带小饼干去海边玩。

去海边之前，我精心准备了好多出行的东西，小饼干的玩具车、铲子、沙滩桶、海洋球、零食、水、小毛毯、纸尿裤……这种感觉就像要去旅行一样，整个准备过程烦琐，我却觉得很开心。小饼干像一只准备飞离鸟笼的小鸟一样，扭来扭去地哼着歌，还找来自己的鞋子，有模有样地穿了起来。我不禁感叹，小孩子的快乐真的很简单。这种快乐也传给了我和老公，我们都高高兴兴、充满期待地踏上去海边的路。

去海边需要一个多小时路程。一路上，老公负责开车，我给他们父子俩递上提前准备好的美食：鸡爪、小馒头、山楂糕、洗好的葡萄……我们一路上有吃有笑，聊聊从前，聊聊沿途风景，仿佛生活的压力与我们完全不相关。相信在小饼干幼小的心里，满满都是爱与快乐吧。

这样一次简单的海边之旅，让平日忙于工作的爸爸可以用心地陪宝宝，提高了亲子陪伴质量，促进了父子俩的关系，也可以让我们夫妻俩彼此敞开心扉，多多沟通，拉近了心与心的距离。夫妻关系自然更和谐，家庭更和睦。

这种小小的陪伴仪式感，不必拘谨于固定形式，也不必拘泥于宝宝的年龄，在宝宝出生后就可以做。比如在宝宝几个月大的时候，周末时爸爸妈妈放下手机，放下工作，在家一起给宝宝唱唱歌，讲讲故事，聊一聊宝宝的近况、夫妻彼此的一些想法。周末家庭聚会的陪伴不在于形式，在于用心营造高质量陪伴。

等宝宝再大点，能够一起出去玩，能够对话了，周末家庭聚会又有更多的主题了。具体的主题根据每个家庭的需求和喜好来定，只要是大家都喜欢的，对夫妻、对孩子有益的都可以去尝试。

我是一个比较注重生活仪式感的人，所以无论是夫妻情感的经营，还是对小饼干日常的养育，我都会把仪式感带进我们的生活中。而这些细小、在别人看起来微不足道的小小仪式感，给我们的育儿生活、夫妻感情带来了很好的回馈。这使我更加坚信，"陪伴的仪式感"的神奇力量。希望这个小方法，也能给正在带娃的你带来一股神奇的能量。

3.6　安全感：我的小毛毯和狗狗

3.6.1　什么是"有安全感"

我们经常谈"给宝宝安全感"，但其实很多妈妈可能不知道到底什么才叫"有安全感"，以及到底怎样做能让宝宝"有安全感"。

育儿专家指出"有安全感"是孩子和父母建立的安全型依恋关系。安全型依恋关系这个理论是由英国心理学家约翰·鲍比提出来的，后来美国著名的比较心理学家哈利·哈洛用著名的恒河猴实验证明了其真实性。

哈利·哈洛给小猴子提供了两个"妈妈"：一个是可以给他提供吃喝、但用钢丝做成的"妈妈"；另一个是软绵绵的毛绒"妈妈"。实验发现，小猴子在饿的时候会跑去钢丝"妈妈"那儿喝奶，喝完就回到毛绒"妈妈"的身边。实验证明：婴儿需要的不仅仅是最基础的喂养，更需要感受到爸爸妈妈的爱和温暖，也就是我们经常说的安全感。

实验也证明：缺乏安全感的孩子，会比较敏感，难以和他人相处，很难获得幸福；而有安全感的孩子，会相对自信、情绪稳定，过得幸福。

所以，爸爸妈妈一定要帮助宝宝建立安全感。当宝宝面对害怕的东西时，他就会向抚养人（比如爸爸妈妈或奶奶）寻求安抚，也就是获得安全感。当宝宝有了安全感，有了自信时，他才能放心地去玩，去探索世界，去追求自我。

3.6.2　宝宝 0~3 岁安全感的建立

宝宝在 0~3 岁有几个重要的安全感建立期。这几个安全感建立期处理好了，宝宝的安全感自然会比较充足，面对上幼儿园的分离焦虑也能减轻。

新生儿时期。一般来说，0~3 个月是新生儿时期。宝宝刚出生是最没安全感的时候，他刚刚来到这陌生的世界，内心充满不安，陌生人的一两句话都会让他感到害怕。这时需要给宝宝建立最初的安全感。

宝宝这时候不会说话，哭就是寻求帮助的信号，可能是饿了、困了、尿裤太满了、热了，等等。所以，要有耐心地抱宝宝，及时满足宝宝的需求。

以前老一辈的人都说宝宝哭了不要总是去抱，可能会把宝宝惯坏了。但事实是刚出生的宝宝并不会说话，也更不懂得通过"装哭"来达到目的，他们只能通过哭来表达需求。当我们满足了宝宝的需求，让他知道我们无条件地爱他，也是和父母建立信任的重要基础。

宝宝 6 个月左右时。宝宝在差不多 6 个月大的时候，才开始有了对抚养人的依恋。如果宝宝从出生一直是妈妈带，这时候突然由给奶奶带，宝宝是不愿意的，肯定哭得天崩地裂。而且，宝宝这时会认为看不见的就是永远消失了，所以当他看不见妈妈时，他就会很害怕、大哭，谁哄都没用，一定要看到妈妈才能安心。这时也要尽量陪着宝宝，当你在宝宝身边时，宝宝才能安心地去玩。当然，职场妈妈要上班没办法，那就尽量让宝宝和接下来的照料人提前适应，减少宝宝内心的不安。

这个阶段的宝宝最大的特点是认生，面对陌生人会有点不好意思，但这并不是害羞的表现。所以，不要轻易说宝宝很害羞、内向，这是宝宝成长的必经过程。要给宝宝点时间，鼓励他去和陌生人接触，宝宝会越来越自信、独立和勇敢。

宝宝 9 个月左右时。宝宝在 9 个月大的时候，刚刚进入腿的敏感期，开始学爬行，内心既渴望独立，但又怕和抚养人（比如爸爸妈妈）分开，第一次出现了分离焦虑，也会很没有安全感。

这个阶段宝宝虽然希望妈妈在身边，但妈妈也需要出门上班或外出办事。每次出门的时候不要偷偷摸摸地走，大大方方地跟宝宝道别很重要。小饼干在9个月大的时候，我还是一名职场妈妈，早九晚六地工作。我每次出去上班，都是微笑着和小饼干说："宝宝，妈妈要去上班了，妈妈晚上就回来了。"那时家里老人不喜欢这样，因为觉得宝宝会哭得更厉害，但我还是坚持了自己的做法。宝宝这时一般会大哭大闹，但妈妈也不要表现出伤心，带着平常心和宝宝道别，让他知道妈妈会离开也会回来。时间久了，宝宝就知道，妈妈还是爱他的，妈妈一直都在，他慢慢就放心了。

宝宝2岁左右时。 宝宝在2岁左右，有了自主意识，比较独立，有主见，但身体发育还不足以让他独立完成很多事情。所以，宝宝在走向独立的同时又会害怕，这时的宝宝也很缺乏安全感。

这个阶段的宝宝会黏着妈妈，想确定妈妈是不是永远地、无条件地爱着他。小饼干在不到2岁的时候就会问我："妈妈你会永远爱我吗"；在我上厕所的时候，他在门外哭得稀里哗啦，我知道他只是想从我这儿寻求安全感，所以，我都是耐心抱着他，跟他说："妈妈永远爱你。"多陪他玩玩具、读绘本、玩一些小游戏……**尽可能提高陪伴质量，让宝宝知道"妈妈是爱我的"。**

就像绘本《妈妈，你会永远爱我吗》里传达的理念一样：

无论你成功还是失败，无论你调皮捣蛋还是乖巧懂事……妈妈都永远爱你。我爱你，因为你是我的宝贝，仅此而已。

2岁的宝宝最大的特点是动不动就哭，虽然我们大人有时会烦，但请不要用"爱"来威胁宝宝"变乖"。不要对宝宝说："再哭我就不爱你了。"这样宝宝只会更害怕被妈妈抛弃，更没安全感，还会变得更胆小。

当宝宝在妈妈这里获得毫无条件的爱，才能真正走向独立，自信地去探索。

3.6.3 安抚物

小饼干有个习惯，睡觉或感到不安的时候喜欢抱着他的小毛毯。每次看到小饼干抱着小毛毯在家里走来走去，我就觉得他很可爱。他亲切地叫它"喔喔"，就像小狗的叫声，因为小毛毯上面有小狗的图案。当小饼干想睡觉的时候，被我凶到哭的时候，感觉不安的时候……他都会去找他的小毛毯，抱在怀里，或者用手去抚摸，情绪会平和很多。

有人会觉得这样不像话，觉得宝宝整天拿着小毛毯走来走去，弄脏了不好，应该收起来，不能让宝宝太依赖小毛毯，但这种想法是错误的。

美国儿童教育专家金伯莉·布雷恩在《你就是孩子最好的玩具》中写道："一件心爱的具有安抚作用的物品可以帮助各个年龄段的孩子培养自我安慰的能力。由于年幼的孩子不善于调节自己的情绪，因此需要一个过渡性的物品来安慰他们。安抚毯就成了父母或者照顾者的象征，因为二者都可以提供平静和喜乐,依赖安抚毯的孩子其实是在依赖父母的替代品。"

随着宝宝的长大,一件安抚物能帮助家长给宝宝很好的安全感,缓解宝宝内心的不安和分离焦虑,培养宝宝自我安慰的能力。这件安抚物可以是小毛毯、大毛巾,也可以是毛绒玩具,比如小狗、小兔子,小猫,还可以是宝宝的枕头、安抚奶嘴,甚至是一件妈妈的衣服,等等。只要这件安抚物不会对宝宝有伤害,就可以放心给宝宝用。等宝宝慢慢长大了,安全感足了,他就自然不再需要安抚物了。

3.7 "爱"就是要让宝宝知道

3.7.1 别用错误的方式"爱"孩子

我们成为父母之后,其实内心都是爱孩子的,但有的父母做出来的行为,却让孩子感觉自己不被爱。最大的原因是很多家长总是用错误的方式"教育"孩子,却羞于对孩子表达爱意。所以,孩子经常会质疑自己是否被爱。

我一个姐姐的孩子,一直都给人乖巧懂事的感觉。有一次来我家做客,我才发现,这个 13 岁的孩子,只是假装乖巧懂事而已。其实她的内心装满了对妈妈的不满,甚至是冷漠和疏远。

有一天中午,姐姐又再次因为一件小事对她不断批评,她哭着跟我诉说："我妈根本不爱我，我永远感觉不到她的爱。她除了骂我、打我，还做了什么！"她还说了一句超过她这个年龄心智的话："自己不是 100 分的父母，凭什么要求孩子 100 分？"

那一刻我更加认同，让孩子知道"爸爸妈妈爱你"是一件多么重要的事。我姐怎么可能不爱自己的孩子呢？不爱自己的孩子，她怎么会省吃俭用供她读书，在外甥女很小的时候就逼着她跑步，锻炼身体？每次她外出都会很担忧地嘱咐她注意安全，不要和陌生人说话，等等。如果不是爱和关心，又怎么会做这么多？可是，外甥女浑然不知。最大的原因就是，妈妈在语言表达上从来没说过一句"我爱你"，也几乎用打击教育来"爱"孩子。

所以，千万别用错误的方式"爱"孩子，这是件两败俱伤的事。不仅要在日常行为上爱孩子，更要经常表达出来，让孩子知道"爸爸妈妈爱你"。

3.7.2 "我爱你"，有一种神奇的魔力

知名母婴自媒体人"小小包麻麻"录了一段家庭短视频，想看看孩子眼里的世界和大人眼里的世界究竟有什么不一样。一开始她认为，孩子应该会吐槽她，而事实却让她泣不成声：她惊喜地发现，自己的两个小宝贝特别爱她，并且理解她的不易。

她问两个儿子：妈妈平时说得最多的话是什么？

哥哥回答：让我亲你一口。

弟弟回答：我爱你，宝贝儿。

小小包妈妈说："**我爱你**，这三个字有着神奇的魔力。我很忙很忙，不能保证每天陪他们玩耍吃饭睡觉，有时候也没有耐心，但这个保持在我们之间的小小仪式感让孩子们每一天都非常确定妈妈是爱他们的。"

"他们没有半点埋怨妈妈睡懒觉，妈妈没有陪他们，反而是理解、心疼的：妈妈工作好久，她太累了。"

她深深地感受到，虽然自己没什么时间陪伴孩子，但依然能取得很好的育儿效果。除了高质量的亲子陪伴，主要源于一个小小的仪式感——让孩子知道爸爸妈妈爱他们。

孩子最喜欢模仿的人，就是自己的爸爸妈妈。所以，我们经常的表达爱，这些爱的行为也会潜移默化地影响着他们。

表达爱是一件简单又能给孩子安全感的事。小饼干在一岁十个月的某一天，突然问我"妈妈，你会永远爱我吗"，我又惊又喜，也开始反思，为什么小饼干开始问这个问题？成为全职妈妈以来，我的状态确实有点差，会忍不住发脾气，孩子不仅感觉不到爱，甚至会感觉我并不爱他。

这种感觉，我们在恋爱时也会有。恋爱时，男友在背后为女友做了很多事，却从没说过爱你，甚至无心地用打击的言语来对待女友。即使是开玩笑，渐渐地女友只会觉得男友不爱她，即使男友心里真的爱她，但女友感觉不到爱，所以就会说，"你不爱我"。

对于孩子来说也是一样，经常自然而真诚地表达爱，孩子才会知道"爸爸妈妈爱我"，会给孩子带来更多安全感，以后他长大也会成为一个善于表达爱意的人。

3.7.3　表达爱是重要能力

陈美龄老师说过，"被爱，才会信任别人"。内心曾被爱填满过，才会更有安全感，有了安全感的人，才能更安心地去爱别人，拥有爱与被爱的能力。毕竟，让孩子学会共情，学会表达爱，是非常重要的能力。

很多外国的父母经常会把"我爱你"挂在嘴边，让宝宝时刻知道，无论何时何地，爸爸妈妈就是爱他的。可能对大部分传统的中国人来说，这样说感觉有点过于肉麻，但这个小小的仪式感却给孩子带来了很好的影响。

现实中，大部分家长羞于对孩子或爱人、亲人表达爱意。但值得庆幸的是，随着社会经济的发展，人们思想的进步，越来越多的年轻爸爸妈妈也在努力学习科学育儿，开始接受自然地表达爱意这样一个温馨的举动。

所以，让宝宝知道爸爸妈妈爱他，是每个家长的必修课。

教育学博士陈美龄老师也在《50个教育法，我把三个儿子送入了斯坦福》中说道："能与孩子度过的时间，只是人生一瞬而已。等他们开始去上幼儿园、上学，一天之中只有几小时能待在一起。等变成初中生、高中生，在一起的时间还要少。正因为此，我才认为在身体和大脑快速成长的婴幼儿期，尽可能多分一些时间给孩子是非常重要的。"

是呀，我们真正陪伴孩子的时间真的很少，最多还是3岁之前的时间。所以，一定要尽量在这段时间用心陪伴宝宝，让宝宝感受到爸爸妈妈的爱，他们才能更加幸福、自信地成长。很多育儿专家说，在宝宝 3 岁之前，尽可能用心地花时间陪伴他们，这样的话，育儿效果是事半功倍，且不可逆的。

爱宝宝就好好地对他说句"我爱你"吧！不用觉得不好意思，你说得越多，宝宝就越安心，也会更加爱你和信任你。

爱，就是要让宝宝知道！

第4章

当宝宝变成磨人的 "小妖精"，不要慌

随着成长，宝宝会有各种各样的小问题，变得很磨人，这些就是我们必须面对的问题。你可能会觉得茫然无措、焦虑不已，但其实面对这个磨人的"小妖精"，只要谨记不慌不忙，耐心和理智地应对，一切问题都会迎刃而解。

4.1 有"问题"的宝宝，才是个正常的宝宝

宝宝在0~3岁时不时会有一些奇奇怪怪的"问题"，比如吃手、喜欢扔东西、打人，让父母觉得不可理解，怀疑自己的宝宝是不是有问题，并很想去纠正。但其实这些"问题"可能只是宝宝成长过程中必不可少的特点，意味着宝宝进入了儿童敏感期。

蒙台梭利提出儿童敏感期的概念，如果在儿童敏感期根据相应的特点来教育孩子，孩子会更加聪明。那么，什么是儿童敏感期呢？儿童敏感期指的是儿童在一小段时间内，有某种强烈的自然行为。在这段时间内，孩子对某种知识或技巧非常感兴趣，比如，宝宝有段时间会频繁地把勺子往地上扔，其实不是宝宝故意犯错，而是他手部的敏感期到了。

我们如果提前了解宝宝在0~3岁会有哪些奇奇怪怪的"问题"，就可以很好地利用敏感期，促进宝宝智力发育，让育儿效果事半功倍。

4.1.1 喜欢吃手

不少大人会觉得宝宝吃手是坏习惯，每次看到宝宝吃手就要阻止，怕宝宝养成坏习惯，也怕宝宝把细菌吃进嘴里。

但其实 0~2 岁的宝宝吃手，是对大脑发育有帮助的。

皮亚杰提出认知发展理论有四个阶段，第一阶段就是感知运动阶段（0~2 岁）。0~2 岁宝宝主要通过探索感知觉与运动之间的关系获得动作经验。也就是说，0~2 岁的宝宝主要是通过运动和感知来探索世界，促进大脑发育。

宝宝一般在 0~2 岁进入蒙台梭利所说的口的敏感期，在这个阶段就喜欢吃手，看到什么东西都喜欢放到嘴里"尝一尝"，用嘴来"研究"事物。

李跃儿老师在《关键时期关键帮助》中提到"宝宝吃手变聪明"的原理："在婴儿吃自己的手时，他们的嘴巴感受到吃手的同时，手也感受到被嘴巴吃的信息，这样大脑就开始了统合来自手和嘴巴的信息的工作，大脑的工作造成了神经元的链接，而链接得越丰富，孩子的大脑就越好用。"

当宝宝进入口的敏感期时，我们不能把宝宝的手拿出来，而要帮助他进行"嘴巴"的探索。平时我们只需要把宝宝的手洗干净即可。

4.1.2　喜欢抓东西

很多爸爸妈妈在带娃的时候，会觉得宝宝怎么越来越"不听话"，怎么看到什么都想去抓、去摸，这可能是手的敏感期到了。宝宝在 9 个月左右时就进入了手的敏感期，我们该怎么利用手的敏感期帮助宝宝大脑发育呢？

宝宝处于手的敏感期时，口的敏感期依然存在，所以，他喜欢把拿到的东西放到嘴里"尝一尝"，看看这个东西怎么玩，好不好玩，这时要给宝宝提供可以抓握，也可以放到嘴里但不会有危险的物品，帮助宝宝进行探索。尽量挑大品牌、材质安全的产品。也可以用家里的一些日常物品，比如塑料瓶子、宝宝吃的面条、水果、大米。

宝宝一岁以后，可以给他提供沙子、水、泥土等来自大自然的物品。水和沙子可以形成多变的形状，非常灵活，更有利于宝宝深入探索。

之前小饼干在一岁多会站、会走路时，我经常让他拿一小盆水蹲着玩。为了避免客厅水太多，我一般让他蹲在洗手间旁边玩，或者站在洗手台边玩水。到一岁七八个月时，他会和我对话了，让他站在洗手台边自己玩盆里的水，然后跟他说玩够了叫我，这时我再把他抱回客厅。小饼干爸爸会经常带他去小区附近的沙堆玩沙子，一玩就是一两个小时。我还把大米放在大盆里，放在阳台给小饼干玩，我经常会陪他一起玩。像剥鸡蛋、自己抓食物吃饭等，我们都让小饼干自己尝试。所以在手的敏感期，我们给小饼干的体验是很足的。

不同形状、不同类型的安全物品，都可以让宝宝用手尝试，都会给宝宝带来不同的手的刺激，丰富宝宝的感官体验，促进宝宝大脑发育。

这时的宝宝还喜欢扔东西。小饼干有段时间吃饭，老是喜欢把勺子扔地上，然后我捡起来给他，他又继续扔。一开始我以为他是故意的，有点生气，后来才知道这是宝宝手的敏感期，他通过扔东西到地上、听物品掉到地上的声音、观察物品掉到地上的状态，知道这个东西掉地上后会有声音，且掉下去并不会消失，由此来促进大脑发育。所以，我们要做的就是给宝宝提供材质安全、不易摔碎的碗勺（如塑料或铁的），还可以买吸盘碗，这样宝宝拿不起来，自然不会扔下去。在宝宝扔东西时，我们耐心地帮他捡回来，不要斥责他。我们也可以在家陪宝宝玩扔球的游戏，满足宝宝喜欢扔东西的探索欲。

4.1.3　喜欢走楼梯

宝宝在刚学走路时，很喜欢走楼梯，重复地在一个小台阶旁上上下下，走路时也是哪里不平走哪里，也喜欢走那些有水、有脏东西的地方。这是为什么呢？很多家长可能会觉得宝宝有问题，但其实是宝宝腿的敏感期到了。

宝宝在1岁多时进入腿的敏感期，很喜欢研究自己的腿，用腿去发现更新奇的世界，探索得越多，宝宝会越聪明。

家长要做的就是确保宝宝安全的情况下，配合宝宝，陪着宝宝探索。小饼干1岁多时刚学走路，我每天下班会陪他在小区门口的台阶上上下下地走，这时他走路不太平稳，需要我一直牵着他。虽然有点累，也很无聊，但还是尽可能有耐心地陪伴宝宝去玩、去探索。

有大人可能会觉得，宝宝走那么久不累吗，是不是要让他休息一下？事实是宝宝没那么容易累，甚至比大人还能走。蒙台梭利曾说过："一个1岁半的孩子可以走好几里路不会累。"宝宝要是真累了，他懂得停下来的。

这个阶段的宝宝还喜欢漫无目的地走来走去，这时我们要找安全的地方，比如超市、公园，或者小区楼下的小路、广场等，跟在宝宝旁边，他走到哪儿，我们跟到哪儿，这样更能帮助宝宝腿部的自由探索，满足宝宝自身发展。

不要给宝宝买带有声音的鞋子，会影响宝宝用腿去感受周围环境，给宝宝买普通的学步鞋就可以。

0~3岁宝宝在成长过程中会有各种敏感期，我们只要提前了解宝宝每个阶段的发育特点，就可以更合理、更轻松地去养育宝宝。利用敏感期宝宝对事物浓烈的兴趣，引导和帮助宝宝变得更聪明。

4.2 宝宝喜欢打人这样处理

宝宝在1岁半的时候，一般会出现打人、抓人、咬人等"不良行为"，有的家长会觉得这宝宝"太坏""没教养"，还有的家长觉得宝宝这样很好玩。但在这个年龄阶段，宝宝并不懂得这是好还是不好，需要大人正确的引导。所以，家长要做的是适当地引导宝宝，让宝宝养成良好的行为习惯，这样有利于培养宝宝的社交能力。

4.2.1 宝宝打你，可能是想和你玩

有时宝宝打人，可能只是想和对方玩。1岁半的宝宝一般语言发育还不完善，但他看到其他小朋友在玩，很想和他一起玩时，可能采取打一下、拍一下对方的方式来和对方打招呼，告诉对方"我想和你一起玩"。

如果是这种情况，大人要阻止宝宝，然后，温和地教宝宝如何正确地与其他小朋友玩，也可以教宝宝用手轻轻地摸一下对方的肩膀或手臂，告诉对方"我想和你玩"。我们可以这样说："宝宝，你想和××玩是吗？可以和他说'一起玩吧。'"有的家长会觉得宝宝现在也不会说话，能听懂吗？但其实1岁多的宝宝正处于语言发育黄金期，我们多说多教，过段时间他慢慢就会说了。小饼干就是这样，他学习语言的能力很强，我今天说的话，虽然他没跟着说出来，但过几天他就会说出来，还能准确地运用在日常生活中。

4.2.2　模仿别人，觉得好玩

宝宝有时打人，可能是因为看到其他小朋友打人，或者是家长有打人的习惯，或者平时家长用"打"来管教宝宝，这样宝宝就会模仿这些打人的行为，觉得打人是件好玩的事。

当宝宝打你时，千万不要强烈地阻止宝宝，不要对宝宝说："再打我，我就打你了。"宝宝打你是为了引起你的注意，你要打回去他就得逞了，他还会学你继续打下去，甚至去打别人，这样反而容易养成打人的习惯。应该温和地去引导，耐心地用语言告诉他不可以，然后教他应该怎么做。不要只阻止他，却又不教他该怎么做，这样宝宝会很纳闷，不知道怎么办。

小饼干在1岁多时，也有过喜欢打人的行为，他喜欢打别人的脸蛋，力气还挺大，打得啪啪响。有一天奶奶抱着小饼干坐在沙发上玩，他一巴掌拍过去，奶奶笑嘻嘻地也没阻止他。小饼干看到奶奶笑了，更兴奋了，又一巴掌拍下去，奶奶就说:"唉,宝宝不乖,怎么打人。"但还是没阻止,依然笑嘻嘻的。我就过去阻止小饼干,把他要再次拍下去的手抓住,告诉他:"宝宝,不可以拍奶奶的脸,很疼的,可以轻轻地摸。"然后,握着他的手轻轻地去摸奶奶的脸。我还告诉奶奶,被宝宝打的时候不要笑,因为我们越笑,宝宝越觉得这是件好玩的事,他觉得打人可以逗人笑,那他打得更加厉害。一开始他还是拍,后来慢慢就不拍了,学着轻轻地去摸奶奶的脸,还一边摸一边说"摸"。

4.2.3 宝宝打人,可能是在发泄情绪

宝宝打人、扔东西、咬人,也可能是在发泄自己的情绪。1岁多的宝宝进入既黏人又想独立的时期,他渴望独立,又没有完全独立的能力,有时想做事又遇到困难,产生挫败感,也会心里郁闷,想发泄情绪。再加上1岁多的宝宝还不太懂得用语言表达自己的想法,当他感到不满时,难以通过语言去倾诉、去寻求帮助,会选择通过"打人"来发泄不满。

我们首先要做的是疏导宝宝的情绪。抱抱宝宝,用温和的语气和宝宝沟通,安抚宝宝,告诉宝宝我们知道他不开心,让他感受到他的不开心可以被爸爸妈妈理解和接受。

等宝宝情绪稳定下来之后,可以问宝宝为什么不开心,为什么要打人。这时宝宝的语言发育不太好,还不能用比较长的句子回答,所以,我们可以用问答的方式来引导,比如:"你打妹妹,是不是因为她抢你东西了?"他只需要点头、摇头,或回答是或不是。当了解原因之后,告诉宝宝,打人是解决

不了问题的，可以自己和妹妹说理，把东西拿回来，也可以找大人出面解决。

还有的宝宝在这个阶段喜欢咬人，也可能是他正在长牙，可以给他买咬牙棒，缓解长牙的不适感，慢慢把他咬人的行为自然地戒掉。

总之，这世上没有天生的"坏"宝宝，宝宝的行为需要家长耐心、有爱地去引导。对于打人的行为，如果家长引导不当，任其发展甚至鼓励宝宝打人，那他以后就会成为别人眼中的熊孩子，看似不会被人欺负，但大家都排斥他，讨厌他，他的社交能力会很差。以后进入社会，他会因为打人的自私行为而被人排斥，得罪人，甚至干出违法的事，从而付出惨痛的代价。

4.3 宝宝发脾气这样处理

当宝宝发脾气时，父母的处理方式很重要。我们如何处理宝宝的情绪，决定了宝宝情商的高低。所以，当宝宝发脾气时，我们得先弄清楚宝宝发脾气的原因，才能找到合适的解决办法，借此机会培养宝宝的情商。

美国著名儿童心理治疗师斯坦利·图里奇将发脾气分成两种类型：一种是气质型发脾气，另一种是操作型发脾气。

气质型发脾气，就是宝宝正常地发泄负面情绪，比如宝宝的玩具被人抢走了，觉得委屈、生气，所以又哭又想打人。操作型发脾气，就是宝宝为了达到某一目的而无理取闹，提出不合理的要求。比如,看到喜欢的玩具就要买,不给买就在地上撒泼,大哭大闹,直到答应他为止。

4.3.1 气质型发脾气如何处理

气质型发脾气是宝宝正常情绪的发泄。面对这个情况,我们要做的是接受宝宝的情绪,然后,帮宝宝一起处理好这个问题。

关于宝宝发脾气,李跃儿老师在《关键时期关键帮助》中是这样写的:"我们要让孩子知道,并不是发了脾气就成了怪物,或者成了坏人。如果让他误认为人不允许发脾气,不允许伤心,这样的认识对孩子会更糟,他会把脾气和伤心隐藏起来,扭曲成另外的情绪发泄出来。所以,我们要让孩子知道伤心和生气都是自然的事情,发脾气也是被允许的,只是这些不良的情绪不能用来伤害自己和伤害别人。"

也就是说,我们要让宝宝知道,每个人都有发脾气的权利。好的、坏的情绪都应该被接受。我们不必因为发了脾气而感到自责,发脾气也是表达内心感受的方式之一。只是不能拿"坏情绪"或"发脾气"去伤害别人。教会宝宝如何处理这些情绪尤为重要。

就拿宝宝被抢玩具这件事来说,宝宝玩具被抢,又委屈又生气,一边哭一边想打人。这时我们做到以下三步即可帮助宝宝处理情绪。

(1)接纳情绪。抱抱宝宝,并告诉宝宝:"你的玩具被××抢了,你感觉很委屈,又很生气,所以才想打人,对吗?"

这时是教会宝宝认识并接受自己的情绪。宝宝理解到自己现在的情绪是"委屈""生气"。

（2）帮助宝宝理解情绪，让宝宝明白自己有权利发脾气。这时不要去指责宝宝"哭和打人"的行为，要告诉宝宝"生气是正常的，要是妈妈也会生气的"。这样的话，宝宝就不会觉得自己做错事，自责、不安。

（3）教宝宝如何正确解决问题。教宝宝如何把玩具要回来，而不是用打人的方式去解决问题。这样做有利于促进宝宝对情绪的掌控，提高宝宝的情商。

4.3.2　操作型发脾气如何处理

操作型发脾气就是宝宝为了达到某一目的而无理取闹，提出不合理的要求。就拿宝宝和爸爸妈妈一起去逛商场的例子来说，宝宝想要一个小狗的玩具，但家里已经有很多了，宝宝就是想买，赖在地上哭闹，这时要怎么办？直接简单粗暴拒绝和"以硬治硬"的打骂都不是很好的解决办法。

宝宝发脾气时，如果你也发脾气，他只会更来劲，而一直讲道理也是没用的，这时他正在气头上，你说什么话他听不进去。采用正面管教中的"积极暂停"，效果好很多（这个方法主要适合3岁多，能听懂父母的话，能和父母简单沟通的孩子）。

如果宝宝哭闹不止，很影响商场的运作，而且我们又不方便在公共场合对宝宝直接进行管教，考虑到宝宝和大人的感受，最好把宝宝抱到一个无人的小角落，让他好好地发泄下情绪。但不要对宝宝表现出不快，也不要用语言去羞辱宝宝，比如说"别的小孩都很乖，怎么就你不听话"，可以平静又温和地说："你想哭就哭吧，等你哭够了，我们再聊聊。"

接下来就采用共情的方法来和宝宝"讲道理"。等宝宝不哭了，情绪平稳下来之后，采用共情的方法来和宝宝交流，让宝宝知道你理解他的感受。可以跟宝宝说："妈妈知道你很喜欢那只小狗，但我们家里已经有很多了，今天也没有买小狗的计划，我们这次就不买了。"

最后，提出解决方案。当你提出"不买小狗"的主张时，宝宝还是会有点不开心的，你接下来可以告诉他："虽然我们不买，但我们还能回去继续逛，去看看那只可爱的小狗，但你要答应妈妈不再哭闹。"

讲完这些时，记得给宝宝一个拥抱，让宝宝知道，无论如何，妈妈还是爱他的。

只要我们温和而坚定地对待宝宝，理解宝宝发脾气的原因，接受宝宝的"坏脾气"，温柔地引导宝宝，这样无理取闹的次数只会越来越少，甚至不再发生。当宝宝得到爸爸妈妈的尊重、理解和无条件的爱时，自然会成为一个安全感十足、乖巧又懂事的好宝宝。

4.4　不爱分享才不是小气

关于分享这件小事，很多家长误解了宝宝，觉得宝宝不愿意把自己的玩具给小朋友玩，就是小气。但其实2岁多的宝宝正在进入物权意识的敏感期，他只是在守护自己的东西，不让别人拿走，和小气无关。

4.4.1 不爱分享，真不是小气

有一次带 2 岁的小饼干去楼下小区玩，有一个弟弟看上了小饼干的平衡车，伸手过来抢，小饼干不给他。那小弟弟的奶奶就说："哥哥怎么这么小气呀，给弟弟玩一下就好了。"小饼干继续抓紧他的平衡车，不让弟弟摸，小眼睛看着我。

我委婉地回应了那奶奶："哥哥不是小气，他自己还没玩够呢。"然后，我们就走了，我也不愿意为了邻居和睦而去委屈自己的宝宝。育儿这方面，我更尊重宝宝的心理需求。我一直不支持"不爱分享就是小气"这样的理念，宝宝的行为如何判断与管教，应该以宝宝的心理发育情况为依据。

2 岁多是宝宝物权意识建立期，这时他们开始学习什么东西是自己拥有的，不愿意心爱的东西被别人拿走，甚至摸一下都不行。这时候如果不好好保护宝宝的物权意识，当他们长大后，就很可能成为那种被人欺负还不敢吭声更不敢反抗的老实人，平时也不敢表达自己的想法，逆来顺受。

4.4.2 宝宝的玩具被抢，怎么办

分享过程中会有混淆的一种情况，就是有小朋友会去抢宝宝的玩具，然后，有的大人会委曲求全地劝宝宝要分享、大度，但这并不是分享的正确操作，还容易让宝宝错误地认

为抢东西是对的，破坏了宝宝的物权意识。

那么，如果有人来抢宝宝心爱的玩具，我们该怎么处理？

小饼干性格比较温和，出去外面经常有小朋友抢他的玩具，他有时会哭，有时不敢说话。有一次有个哥哥把他车子拿走了，他有点不高兴，甚至要哭了，我就问他："宝宝，哥哥把你玩具拿走了，你愿意借他玩吗？"他摇摇头，然后，我就继续引导他："那我们就去要回来吧，跟哥哥说，这是我的，还给我。"他不敢去要，我就领着他一起过去，和那个哥哥说："这是宝宝的玩具，还给我们。"让那位小哥哥把玩具递到宝宝的手上。这样让宝宝学会如何要回被抢走的玩具。很多人会觉得我不可思议，小题大做，觉得我太小气了，说我不会引导宝宝分享。但我只是想保护宝宝的小小世界，分享是件快乐的事，但怎么能通过抢东西来被迫分享呢？如果宝宝连自己喜欢的东西都不敢守护，他又怎么能快乐地与他人进行社交，又怎么拥有分享的勇气与自信？

宝宝的玩具被抢，怎么处理，还是要尊重宝宝的意愿，尽量引导他独立解决。如果他不敢，我们可以陪着他一起处理。

4.4.3 如何正确引导宝宝分享

不强迫分享，但可以引导宝宝分享。宝宝在 2 岁多的时候，可以开始引导他分享。宝宝如果学会分享，既能和其他小朋友愉快地相处，也能慢慢体会到分享带来的愉悦。一个乐于分享的孩子，是一个快乐的孩子。

先满足宝宝的需求，不强迫。分享应该是一件开心的事情，而不是委屈自己去取悦别人。所以，宝宝分享的前提是宝宝自己要先满足自己的需求。比如，宝宝只有一个玩具车，他自己非常喜欢，自己都没玩够，又怎么能叫他大大方方地让给其他小朋友玩呢？这就好比你买了个新手机，自己都没舍得用，你愿意把手机借给朋友玩吗？所以，宝宝心爱的物品，不要强迫他分享。这样宝宝体会的分享不是快乐，而是不开心、憋屈，这样他更讨厌分享，害怕别人抢他东西。

什么时候可以分享呢？比如宝宝有一小袋山楂糕，里面有不少，这就可以引导他拿一片送给其他小朋友吃，这样宝宝就比较容易接受，也愿意去分享。

不要引导宝宝"假分享"。现实中很多大人会去逗小孩，造成宝宝的"假分享"行为，让宝宝搞不清楚什么是正确的分享。比如，对宝宝说："宝宝，把你的苹果给我吃一口，可以吗？"当宝宝把苹果递过去时，对方又说："哎呀，我是开玩笑的，你自己吃吧！"这样其实不利于宝宝养成爱分享的好习惯，反而让宝宝不喜欢分享。

言传身教。宝宝其实最喜欢模仿自己的爸爸妈妈做事了，如果我们想让宝宝成为爱分享的宝宝，可以主动做一些分享的小事，让宝宝去学习和模仿。我自己比较好客，会时不时邀请邻居吃饭，或者把家里的一些水果送点给对方。有一次小饼干奶奶从老家寄来了一箱芒果，我就跟小饼干说："宝宝，我们拿点芒果去给姐姐吃吧。"然后，我就拿了两个大芒果，牵着宝宝的手一起送给邻居姐姐。宝宝慢慢也能体会到这种分享的快乐，平时唤他给邻居姐姐送东西，他也很乐意做。所以我觉得与其去评判宝宝小气，还不如自己成为宝宝的榜样,让宝宝在我们的言谈举止中去学习和模仿,耳濡目染地成为一个爱分享的、快乐的小宝贝。

语言鼓励。有一次小饼干主动把他喜欢吃的山楂片送去给他的一个小玩伴,当我看到他那样做时,在第一时间鼓励他:"宝宝做得很好,懂得把好吃的分享给小朋友,宝宝是个爱分享的好孩子!"在宝宝做得好的时候,适当地鼓励、认可,他会更加喜欢分享。

绘本引导。除了日常生活的引导,读绘本也是个好帮手。可以选一些关于分享的优质绘本,陪宝宝一起读,让宝宝从别人的故事中理解什么是分享,体验到分享是件快乐的事,慢慢地他也会模仿绘本中的人物把分享运用到生活中。

4.5 不爱吃饭怎么办

吃饭真的是现代家长的育儿"重灾区",一旦情绪没控制好,分分钟气到爆炸。

有一次带小饼干在小区楼下玩,看到一个奶奶拿着碗勺追着孙女喂饭,小女孩大概2岁,跑几步,喂一口,等她嘴里的吃完,又追着喂一口。

那时已经是上午十点多,奶奶有点不好意思地说:"孩子平时不肯吃饭,只能追着喂。"而每次一喂就是一小时。还有更糟心的,小区有个小男孩,每次吃饭还要用冷水泡脚喂饭吃,或者一边玩玩具一边吃,吃顿饭折腾一两个小时。老人爱孙子,怕孩子饿着的心可以理解,但规矩没定好,习惯没养好，反而害了孩子。这样孩子饭也没吃好，老人也累。

宝宝不爱吃饭，爸爸妈妈爷爷奶奶肯定是会担心的，但找对方法也是可以改善的。想让 0~3 岁的宝宝爱上吃饭，可以试试以下六个小方法。

口味要淡。一开始给宝宝添加辅食，一定要清淡。如果一开始就给宝宝吃大人喜欢的口味，或者口味比较重，一旦味道没有那么香，味道淡了一些，宝宝就很难接受，容易导致挑食。盐油太多对宝宝的肠胃和肾脏也是一种负担，清淡一些，宝宝才能更好地接受各种各样的食物。尽量坚持少油、少糖、少盐，不放酱料。

菜式丰富，尽量美味。很多时候，宝宝不爱吃饭，可能是我们做的饭不太好吃，或者不是他们喜欢的菜。所以，如果条件允许，妈妈可以提升下自己的厨艺，尽量把菜做得更加美味，外观上也可以做得更加招宝宝喜欢。不要好几天都重复那几个菜，别说宝宝会吃腻了，连我们大人都会吃腻。菜式丰富多样，不仅促进宝宝营养均衡吸收，也可以防止宝宝挑食。

培养宝宝自己吃饭。大部分宝宝在 1 岁的时候就可以练习自己吃饭了，这时不要因为宝宝吃东西会把衣服、桌子、地上搞得脏兮兮的而不让宝宝自己动手。宝宝自己吃饭，可以享受把饭菜舀进嘴里的成就感，也能吃得更香。

让宝宝固定坐在餐凳上吃。不要边玩玩具边吃，也不能追着喂，更不要一边看电视一边吃饭，要给宝宝养成坐在餐凳上吃饭的良好习惯。

不批评，不奖励。宝宝如果某一顿吃得特别好，就拼命夸他，而如果他不好好吃饭就批评他，这样对宝宝养成爱吃饭的好习惯有害无利。为什么呢？因为吃饭本来就是人性中最基本的需求，不是通过夸赞或批评就可以让孩子爱上吃饭的。让宝宝爱上吃饭最主要的原因就是宝宝觉得吃饭很开心，饭菜很好吃，吃饭是一件轻松的事。

不过度强迫，顺其自然。 如果做了很多努力，宝宝还是挑食，吃饭也没有达到预期，就顺其自然吧。只要宝宝身体没有什么问题，体检达标，就不要再去纠结了。等他慢慢长大，自然就懂得好好享受美食了。千万不要给宝宝定量，规定每餐一定要吃多少才能下饭桌。换位思考一下，大人都有想多吃点和少吃点，甚至偶尔没胃口的时候，小孩子也是一样的。所以，这时不要强迫他，让他想吃的时候再吃就好。

家里有老人帮忙带，或保姆带的，让宝宝自主吃饭可能会比较难。这时如果宝宝没太大的吃饭陋习，仅仅是需要大人帮忙喂（3 岁以内的情况），但身体发育处于正常标准，爸爸妈妈也不必过于焦虑。毕竟有时无法自己带，又想要宝宝拥有完美的吃饭习惯是很难的。其实真正爱吃饭的孩子少之又少，不爱吃饭反而是现实社会中孩子的常态，就像我们大人一样，不爱吃青菜喜欢吃肉也是常态，不同的是大人出于对健康的需求才吃青菜。等孩子上幼儿园，我们也可以通过和老师沟通，一起努力引导孩子自主吃饭。毕竟，没有完美的孩子，我们能做到接纳现实也挺好。

第 5 章

小习惯藏着大智慧

　　从小培养宝宝的好习惯，对宝宝来说是受益终身的。永远不要小瞧习惯的力量，说不定这个小小的好习惯，在未来的某一天，会给宝宝带来无穷的能量。

5.1 好习惯养成记：注重生活的点滴

5.1.1 好习惯并非一日而就

有一天晚上去超市买菜时，听到卖肉的阿姨在和她的同事讨论自己的儿子，她说儿子上大学了，却很不懂事，和他爸吵架，不愿意和他爸说话；威胁妈妈说，如果爸爸敢给他打电话，他就再也不联系家人。而她的儿子在需要生活费时才给妈妈打电话，平时却一个电话都不往家里打。

她还说，儿子要求她每个月给 1800 元的生活费，之前本来是给 1500 元的。其实 1500 元对于一个大学生来说是足够的，而孩子不理解父母的辛苦，却要求多点零花钱。我就凑过去给阿姨支招说："你不要什么都依着他，你就说家里只能给这么多，他要是想要，可以自己去做兼职挣那 300 元钱，让他知道赚钱多不容易。"

阿姨接着说："我就是对他太心软了，平时在家什么事都不让他做。""现在儿子吃不得苦。之前去做兼职，做了没几天就辞职不干了，在家玩游戏。"

从阿姨的描述，这孩子给我的感觉就是很自我，吃不得苦，也无法体谅父母的辛苦。是呀，一个从小没做过任何家务、没吃过苦头的孩子，又怎么能在长大后马上就改变呢？因为习惯从来都不是一两天养成的，而是日积月累形成的。

好习惯能让孩子受益终身，而坏习惯却足以毁了孩子的一生，所以，我们父母要做的就是帮孩子从小养成良好习惯。"勤劳、能吃苦"也是一种习惯的养成，父母应该在宝宝很小的时候就开始教给宝宝。

5.1.2 培养好习惯：从小时候做起，从点滴小事做起

很多大人可能会存在这样的误区，觉得宝宝还很小，不要添乱就好了，又怎么能帮忙做家务呢。所以，在宝宝想帮忙做点什么的时候，他们就把宝宝支开。久而久之，宝宝帮忙做事的积极性被打压之后，再也提不起兴趣主动帮父母做事了。而当父母某天开口叫他们帮忙时，被孩子一口拒绝，他们才开始责备孩子不懂事、懒惰。这是谁造成的呢？虽然答案很扎心，但确实是父母自己导致的。

想让孩子养成良好的生活习惯，就应该注重生活的点滴，从小时候做起，从小事做起。那么，对于0~3岁的小宝宝，应该如何从日常生活中培养良好习惯？

除了吃喝睡等基本生理需求的习惯需要好好养成之外，阅读习惯、礼貌行为、守规矩、乐于助人、吃苦耐劳等也是非常重要的。

阅读习惯。宝宝在6个月时就可以给宝宝读绘本，父母也可以身作则，平时在家养成看书的习惯，宝宝耳濡目染自然也会受到影响。小饼干是快1岁开始的阅读，而我自己平

时也有看书的习惯，时不时会给家里添新书，估计这也是小饼干喜欢读书的原因之一吧。

礼貌行为。有一次我带小饼干去买菜，走到小区门口时，保安大叔帮我们开了门，2岁的小饼干随口就回了一句："谢谢叔叔。"那位大叔开心地夸赞小饼干"好有礼貌，好懂事啊"。我并没有刻意去教小饼干礼貌的行为，而是在平时以身作则。例如，别人帮了我，即使再小的事，我都会向对方表达感谢，所以，这些都是小饼干看在眼里的。之所以说要注重在生活点滴中去培养孩子的好习惯，也是想提醒父母，我们的行为影响着孩子。我们的生活点滴，也在塑造孩子的行为习惯。

乐于助人，吃苦耐劳。小宝宝也有追求自我价值感的需要，帮助别人也能让小宝宝觉得很快乐。在日常生活中，父母也可以制造"让宝宝帮忙"的机会，让宝宝做一些力所能及的家务。比如，宝宝会走路之后，让宝宝帮忙拿下手机、提下轻重量的袋子。妈妈可以学着向宝宝撒娇，让宝宝帮忙做点小事，不必事事在宝宝面前表现得自己很坚强。

其实孩子的聪明、孩子的好习惯都藏在我们生活的细节里，只要我们大人做好自己、重视从生活的点滴小事培养孩子，"让孩子养成良好习惯"就一点也不难了。

5.2 宝宝频繁夜醒怎么办

有娃的第一年，对于妈妈来说是最缺觉的一年了！我记得那时只要半夜听到小饼干的哭声，我就像触电般地惊醒，眼睛都还没完全睁开就伸手去摸小饼干。强忍着睡意，拖着疲惫的身体，抱着小饼干，站在床上轻轻地摇晃，轻轻地拍，唱他最爱的入睡歌曲，直到他再次入睡……现在回想起来，还是那么印象深刻！

对于宝宝频繁夜醒的问题，妈妈要先了解具体原因，再对症下药，让宝宝和妈妈都能睡个好觉。

5.2.1 频繁夜醒的生理性原因与应对方法

太冷或太热。宝宝如果出汗或着凉也会醒来，所以，给宝宝穿睡衣和盖被子要刚刚好，夏天的话，该吹空调就吹。那么，如何判断宝宝热不热呢？摸摸宝宝的小手，如果是温的，就是刚刚好；如果比较热，那就是被子厚了或衣服穿多了；如果手冷，需要加厚一点。

饿醒。一般 9 个月的宝宝就可以睡整觉无须喝夜奶了，如果宝宝平时没喝夜奶，却频繁夜醒，怎么哄也哄不好，也可能是晚上那一顿没吃饱，妈妈可以结合晚餐吃了多少、睡前喝了多少奶来判断宝宝是不是饿醒了。

长牙齿。宝宝晚上睡觉正是出牙的好时候，容易流口水，让宝宝感觉不舒服，也会反复醒来。白天可以给宝宝用磨牙棒，晚上醒来可给宝宝用安抚奶嘴，减轻宝宝长牙想咬东西的不适感。也可帮宝宝按摩牙龈，用医用纱布包在手指上，蘸温开水，轻轻地帮宝宝按摩牙龈，力度一定要轻，不能伤到宝宝的牙龈。

肠绞痛。一般 3 个月以内的宝宝会出现肠绞痛，症状为：

排除饿了困了生病等其他症状，出现 3 小时以上的哭闹、烦躁，每周至少三天。有的宝宝甚至在五六个月时依然有肠绞痛症状。一般情况下，无须药物干预，可以采用以下三种方式帮宝宝减少肠绞痛的不适。

飞机抱：让宝宝趴在妈妈的一条手臂上，这条手臂主要托住宝宝的肚子和胸部，另一只手托住宝宝的下颌，确保头部和颈部的舒适。飞机抱通过给宝宝的肚子施压，减轻宝宝的疼痛感。

安抚奶嘴：给宝宝用安抚奶嘴，宝宝一边吮吸安抚奶嘴进行自我安抚，也能减轻肠绞痛带来的不适感。

播放白噪音：在播放音乐的 APP 上搜"白噪音"：循环播放给宝宝听。白噪音模仿宝宝在妈妈子宫里的声音，能给 3 个月以内的宝宝带来安全感，太大的宝宝就没什么作用了。

5.2.2 频繁夜醒的外在原因与应对方法

换新环境。新生儿或几个月大的小宝宝对环境比较敏感。如果换了个新环境，一开始可能会比较不安，半夜就容易醒来，哭闹。这时一般只需给宝宝熟悉的安抚物，然后，抱着宝宝或轻拍宝宝哄睡即可。宝宝慢慢习惯新环境就好了。

家里来陌生人。如果家里突然来陌生人做客，也会令新生儿感到不安。

刚练习翻身时。宝宝一般在 4 个月时开始学翻身，但由于身体发育不够完善、动作不够熟练，容易出现想翻却又翻不过去的情况。

　　分离焦虑。妈妈如果平时自己带宝宝，却突然要去上班，宝宝也会因为和妈妈分开而感到不安。面对这种情况，要提高陪伴质量，妈妈白天上班，晚上回来要亲自带宝宝，用心陪宝宝玩、陪宝宝睡觉，这样宝宝慢慢有了安全感，就自然睡得香了。

　　给宝宝穿睡袋。宝宝最喜欢踢被子了，容易着凉，就会醒来，所以，给宝宝用睡袋非常重要，这样就不担心宝宝半夜冷醒，妈妈也能睡好觉。

　　白天遇到害怕的事。小饼干在1岁多时，有段时间经常出现频繁夜醒的情况。按理来说，这个阶段的宝宝可以一觉睡到天亮的，他却时不时哭醒，喊着要我抱着睡觉，睡着了才能放下去。我发现，主要是因为白天被亲戚的孩子抢玩具，还被打，内心有点委屈、害怕导致的。虽然被打得不严重，就是小孩的小打小闹，但小饼干性格比较温顺，也不懂如何应对，抢玩具又抢不过对方，我们大人那时也没处理得当，导致他有了这样的心理状态，晚上就容易哭醒。所以，面对这样的情况，大人一定要做好引导，不要碍于面子而不去处理。要尽量站在宝宝的角度考虑，安抚宝宝的情绪，慢慢引导宝宝学会处理，勇敢应对，提高宝宝的社交能力。

　　最后，切忌给宝宝养成抱睡、奶睡的坏习惯。如果从一开始宝宝就要人抱着睡，一放下去就醒，那妈妈晚上都不用睡觉了，这样宝宝睡不好，大人也休息不好，不利于宝宝身体健康。如果宝宝已经养成奶睡、抱睡的习惯，妈妈要循序渐进地帮宝宝戒掉。

5.3 轻轻松松断母乳

断奶这件事，妈妈经常都是一边强忍着泪水，一边逼自己下狠心，毕竟和宝宝这么长时间"爱的连接"，一时半会儿又怎能说断就断。有的妈妈怕自己心软，断奶时直接躲了几天不回家见宝宝，以为过几天回去宝宝就自然离乳了，但其实这样对宝宝心理伤害是更大的。

对于断奶这件事，妈妈还是得科学进行，提前学好知识，做好准备工作，这样既能顺利断奶，又能确保宝宝身心健康。

5.3.1 断奶的时间

对于断奶的时间，其实也没有一个统一的标准，主要是看个人情况。不过，WHO 建议，妈妈至少坚持纯母乳喂养 6 个月。6 个月之后，看具体情况，如果条件允许的话，母乳喂养到 2 岁之后都是可以的。

那什么时候才是宝宝比较容易断奶的时机呢？宝宝在 1 岁左右的时候会表现出对母乳失去兴趣，当宝宝有了这样的行为，妈妈又刚好想断母乳了，也可选择在这个时间断奶。这样断奶的过程会更容易、简单一些。

5.3.2　断母乳不能太粗暴

之前听朋友说，为了给儿子断母乳，她晚上都不敢和儿子睡在一起，狠下心把儿子丢给婆婆，让婆婆晚上带着睡觉。但最后还是功亏一篑，因为儿子晚上大哭大闹就是要找妈妈吃奶，婆婆不忍心，老公也开始指责她，全家为了"断乳事件"闹得鸡飞狗跳！

断母乳是妈妈与宝宝难舍难分的重要仪式，应该是一个循序渐进、温柔的过程。让宝宝断掉吃了一两年的母乳，是需要慢慢来的，习惯不是一天养成的，也不是一天就能废掉的。

现实中，采用这种方式断母乳的妈妈不在少数，但其实这样对宝宝心理健康是不太好的。你想一下，宝宝已经养成了和妈妈一起睡觉、含着乳头喝奶的习惯，而有一天却突然完全断了，连妈妈也见不着了。这对宝宝来说，内心得多惶恐不安，相当于在破坏宝宝出生以来一点一滴建立起来的安全感。

5.3.3　如何温柔断奶

应该怎么温柔地断奶呢？

首先心态一定要稳。当妈妈决定断母乳时，一定要做好心理准备，不要因为自己一时心软而乱了分寸。我们要相信宝宝比我们想象中还要勇敢，相信宝宝能顺利度过断乳期。

挑宝宝状态比较好的时候。如果宝宝正处于生病、刚接种过疫苗、比较爱哭闹、分离焦虑等状态，是不建议断母乳的，这时更会导致宝宝焦虑不安，安全感缺失。

可先断掉白天的母乳，再断掉晚上的母乳。在断掉白天的母乳的阶段，可以在晚上给宝宝继续喂母乳。在宝宝慢慢习惯了这样的喂养方式后，再逐渐增加夜里给宝宝喂母乳的间隔时间，直到宝宝养成整夜不吃母乳的习惯就好了。

提前用奶瓶帮宝宝过度。可以提前把母乳装在奶瓶里给宝宝喝，让宝宝慢慢去适应使用奶瓶喝奶的习惯。这个过程也是要循序渐进，快到宝宝喝奶时间时，妈妈暂时避开，让家里人帮忙用奶瓶给宝宝喂奶，等宝宝接受了奶瓶之后，就可直接用奶瓶喝奶了。

多陪宝宝玩，给宝宝满满安全感。宝宝在断母乳的时候，会比较缺乏安全感，可能更容易哭闹、烦躁，这时妈妈要多陪宝宝玩，用心陪伴宝宝，给宝宝满满的爱和安全感。这样的做法是为了让宝宝明白，"即使不能吃母乳，但妈妈还是爱我的"。

爸爸也要帮忙出力。爸爸如果有空的话，可多花时间陪宝宝玩，转移宝宝想"含乳头""喝母乳"的注意力。在陪宝宝玩的同时，也能让宝宝感受到爸爸的爱，有利于宝宝安全感的建立，减少宝宝的焦虑。

妈妈对宝宝断母乳这件事，内心其实是很不舍的。但只要放松心态，做好准备，相信"断母乳"也仅仅是宝宝和妈妈一起解决的小小难题而已。

5.4 让宝宝爱刷牙的小技巧

5.4.1 保护宝宝牙齿，从出生做起

很多家长可能都以为宝宝要大一点、长牙了才开始刷牙，

但事实并非如此。宝宝出生后每天都喝奶，无论是母乳还是奶粉，都含有糖分，所以，宝宝出生后就要给宝宝护理口腔了。

宝宝在长牙之前，大人可用医用纱布裹在手指上，蘸点温开水，轻轻帮宝宝擦口腔，这样可清除残余在宝宝嘴里的奶渍，为宝宝后面长乳牙做准备。

大部分的宝宝可能会在六七个月大时长出第一颗牙齿，这时就要给宝宝刷牙啦。宝宝每次吃完辅食之后，可以用温开水给宝宝漱漱口；晚上睡前喝完奶，帮宝宝刷牙，清洁口腔。可以买手指牙刷，套在自己的手指上帮宝宝刷牙。这时也要用含氟的儿童牙膏，《中国居民口腔健康指南》中提到，用含氟牙膏防龋是安全有效的。所以，适量地给宝宝用含氟的儿童牙膏，可以防止宝宝蛀牙，保护宝宝牙齿和牙龈。

等宝宝到一岁三个月左右时，可开始引导宝宝自己刷牙。一岁多的宝宝，随着身体发育，各方面能力也在不断进步，手部精细动作越来越好，手眼协调能力也越来越棒。宝宝能够自己拿着牙刷和杯子时，就是宝宝练习刷牙的机会。

5.4.2　如何让宝宝爱上刷牙

当宝宝对大人刷牙感兴趣时。这是促进宝宝练习刷牙的好机会。有段时间，小饼干早上看到我在洗手间刷牙，他站在洗手间门口，仰着头，痴痴地看着我刷牙，然后问我："妈妈，你在干吗呀？"我就知道他对我拿着的东西、做的事感兴趣。所以，我就给他拿了个之前买好的、印有小猪佩奇图案的水杯，还有小牙刷，给他倒了点温开水，让他拿着。小饼干一边看着我一边有模有样地刷牙，还一本正经地学我吐口水，实在是太可爱啦！从那以后，我俩就变成了一起刷牙的小伙伴，每天早上起床第一件事，就是一起刷牙！用宝宝的兴趣点来引导，宝宝会更容易接受，也会喜欢上刷牙。

以身作则，爸妈也要勤刷牙。爸爸妈妈永远是宝宝学习的榜样，如果想让宝宝养成爱刷牙的好习惯，大人也要以身作则，平时早上起来刷牙的时候，可以带着宝宝一起刷牙，他会觉得这是一件好玩的事情。日复一日地，慢慢养成刷牙的习惯。

用有趣的方法引导。有的宝宝在一开始没引导好，一直没刷过牙，也对爸爸妈妈刷牙不感兴趣，直到一两岁时突然要让他们刷牙，他们是不太愿意接受的，这时就要花点心思来引导他了。可以陪宝宝玩"刷牙、吐水"游戏。比如，妈妈可以拿着杯子，喝一口水但不吞下去，在嘴里发出咕噜咕噜准备吐水的声音，宝宝会觉得很有意思，也会跟着学起来，这样可让宝宝在玩乐中学会刷牙。

买可爱的牙膏和牙刷。给宝宝买自己喜欢的牙膏和牙刷，上面印有宝宝喜欢的小动物或者其他小东西，宝宝会更喜欢拿着牙刷、牙膏去刷牙。

尽量不要在 2 岁左右才开始教宝宝刷牙。2 岁时宝宝刚好处于自我意识建立期，还很喜欢说"不"，你让他往东他就要往西，不太好引导，所以，在宝宝 1 岁多时，就可以教宝宝刷牙。

绘本引导。绘本永远是小饼干和我的最爱！平时也可买一些关于刷牙的好习惯绘本陪宝宝读，比如"小熊宝宝"系列、五味太郎的《鳄鱼怕怕 牙医怕怕》，多了解不同刷牙绘本的优点，结合自家宝宝的兴趣点来选择绘本，宝宝会更容易接受。

虽然刷牙是一件小事，但对宝宝的牙齿健康来说，却是大事，认真护理好，大人和小孩都能少受罪，少走弯路。

5.5 戒奶嘴一点也不难

5.5.1 安抚奶嘴使用指南

很多妈妈担心安抚奶嘴对宝宝身体不好，怕宝宝以后戒不掉，所以不敢给宝宝用。有妈妈在我给小饼干用安抚奶嘴时，好心劝我戒掉，我没听从她的建议，反而建议她给宝宝用，给她讲安抚奶嘴的好处，结果她一脸质疑。

事实上，安抚奶嘴是可以用的，而且只要方法用对，对宝宝身体健康是有利的。安抚奶嘴最大的两个好处是：减少婴儿猝死的概率，缓解宝宝不安的情绪。越小的婴儿越是对吮吸有着高需求，他们通过吃手或吮吸安抚奶嘴来安抚自己的情绪，缓解内心的不安。

我们家小饼干是纯奶粉喂养，月子里的小饼干总是哭着要求安抚，我那天把小饼干放床上，将洗干净的安抚奶嘴放到他的嘴里，轻轻拍他的背，没一会儿，他从大哭转为轻声哼，最后自己咬着安抚奶嘴睡着了，真的大大地减轻了我和小饼干奶奶的负担。婴儿睡觉时间很短，一般半小时内要醒来一次，然后继续哄睡，一整天下来，确实累到筋疲力尽。所以，安抚奶嘴在一定程度上减轻了哄娃睡觉的压力。

对于纯母乳喂养的宝宝，美国儿科协会建议在出生后的4~6周后再用。等宝宝接受喝母乳之后，再去用安抚奶嘴，这样不会影响宝宝吃奶。

但要谨记一点，不要全天都让宝宝叼着安抚奶嘴睡觉，这样宝宝容易吮吸成瘾，自然很难戒掉了。那么，什么时候给宝宝用安抚奶嘴比较合适呢？一般是在睡前或宝宝感觉不安、需要吮吸的时候。在小饼干几个月大的时候，睡前哭闹比较多、感觉想吮吸点东西时，我会给他用。但在他睡着之后，我会轻轻地把奶嘴拿出来。不要让宝宝吃着安抚奶嘴睡觉。

5.5.2　如何辅助宝宝戒掉安抚奶嘴

关于戒掉安抚奶嘴的最佳时间，最好在1岁的时候，最晚2岁。太晚的话会影响宝宝牙齿发育，嘴型也容易变形。

1岁的小宝宝，可以用拥抱、唱歌、轻轻地哄拍来缓解宝宝对安抚奶嘴的需求，还可以用安抚物代替。小饼干戒掉安抚奶嘴很自然。在他1岁多，我发现他不用安抚奶嘴也可以入睡时，就把安抚奶嘴收起来，再也没让他看到。他睡前是抱着自己的小毛巾入睡的，那是他最爱的安抚物。

如果宝宝两三岁以后还戒不掉安抚奶嘴，可以这样做。

和宝宝讲讲用安抚奶嘴的坏处。让宝宝知道一直用安抚奶嘴对身体不好，比如牙齿会坏掉，那就吃不了宝宝喜欢的小饼干。

渐渐减少宝宝使用安抚奶嘴的频率。如果宝宝没事就叼嘴里，我们可以把安抚奶嘴收起来，陪宝宝玩玩具，转移注意力，可以到晚上睡觉时再给宝宝用。然后，慢慢再把晚上吸安抚奶嘴戒掉。

直接把安抚奶嘴收起来。告诉宝宝找不到了，让他和安抚奶嘴说拜拜，告诉宝宝他长大了，再也不需要安抚奶嘴了。

宝宝安全感比较足的话，戒掉安抚奶嘴会更容易。比如我白天上班没空陪孩子，但晚上我都会花两三个小时用心陪伴他，陪他玩、喂奶、哄他睡觉。小饼干一直都是我带着睡觉的。建议妈妈再怎么辛苦，都要自己带宝宝睡觉。6 个月之前的宝宝，谁用心带、谁晚上带睡觉，他就和谁亲。妈妈耐心陪伴宝宝，宝宝自然安全感更足。

所以，只要方法用对、用心带娃，你就会发现，戒掉安抚奶嘴一点也不难！

5.6　如厕训练急不得

在给宝宝如厕训练之前，最重要的是调整好自己的心态，你的心态越放松自然，宝宝的如厕训练就会越顺利。

5.6.1　如厕时间

宝宝在 18 个月后，括约肌发育相对完善，慢慢能够控制自己上厕所。尽量不要在 2 岁的时候给宝宝戒纸尿裤，这时宝宝刚进入可怕的 2 岁，有着很强烈的自主意识，不愿意听妈妈的话，还喜欢和大人对着干。动不动就说"不要"，比较难以配合。所以，这时你让宝宝进行自主训练，他会经常说"不要"，这样就很难顺利进行如厕训练。

而在 1 岁半之后、2 岁之前，宝宝还是比较愿意听从爸爸妈妈的安排。你引导他做什么，他就会去做。所以，1 岁半到 2 岁是宝宝如厕训练的最佳时间。但这个时间也是因人而异的，有的宝宝可能到 2 岁多才发育完善一些。

如厕时间没选对，真的事倍功半。我在小饼干 2 岁后才开始对他进行如厕训练，他不愿意配合。我告诉他想尿尿时要告诉我，他就是不说，直接尿在地上。我把他抱到马桶旁边，让他尿，软硬兼施，他就是不肯，连续两三天尿得家里到处都是。

训练如厕，最好选择在夏天。即使宝宝在夏天尿裤子，你也不必担心宝宝着凉。夏天开始如厕训练，宝宝在家可以不穿裤子，没及时尿在便盆里也不用担心换洗裤子太频繁。

当然，如果错过最佳时间也没关系，按照以下方法耐心引导，如厕训练也能轻松应对。

5.6.2 如厕物品准备

小内裤。一开始如厕训练，宝宝会经常无意识或因为不懂得表达而经常尿裤子，所以，在如厕训练时得多准备点小内裤，方便宝宝更换。这样也可以缓解妈妈焦躁的心情，不用因为裤子不够换而生气，把气撒在宝宝身上。

儿童坐便盆 / 坐便器。女宝宝一般只需买一个小的便盆；

男宝宝可以买两个，一个坐便盆，一个可以站着尿尿的坐便器。现在网上款式多样，可以根据宝宝的喜好来选，这样宝宝更容易接受。

如厕绘本。 可以给宝宝买一些关于引导宝宝上厕所的绘本，陪宝宝一起读，让宝宝从绘本中学习如厕训练的步骤，感受如厕训练的快乐。

5.6.3　如厕训练小技巧

在训练失败两三天后，我暂时放弃了，又给他穿回纸尿裤。虽然我知道这是不对的，但总觉得我得先调整好自己的状态，做更多的准备。

在宝宝对便盆感兴趣时开始如厕。 小饼干2岁时对马桶很感兴趣，我就买了个模拟成年人马桶的小马桶，也是儿童便盆的款式之一。他在家玩了好几天，整天坐在小马桶上玩，看书、玩玩具，抱着小马桶坐在沙发上，真是爱不释手，还想抱到床上一起睡觉。但过几天之后，他就对小马桶不感兴趣了，那时我还没开始对他进行如厕训练。等到训练时，他已经失去兴趣，不愿意坐小马桶上了。建议大家在宝宝还有兴趣的时候开始如厕训练，宝宝更容易接受。

可根据宝宝爱好选便盆。 第二次如厕训练开始之前，我根据宝宝的喜好挑选便盆。小饼干那段时间喜欢车和小兔子，我就在网上买了个外形和小汽车一样的儿童坐便，小饼干是男孩，我还买了个男孩专用的、站着尿尿的小便器。它的外形是一只有轮子的小兔子，小饼干非常喜欢，加上我耐心的引导，他对站在它前面尿尿这件事也没那么抗拒。

教宝宝说出"我要尿尿"。后来我调整了心态，在小饼干抗拒在马桶尿尿，或又一次不小心尿在地上时，我选择忽视，然后耐心处理，告诉他："宝贝，下次尿尿前说'我要尿尿'。"每次都重复这句话。耐心对父母来说真的太重要了。

用肯定的语气"命令"宝宝。在引导宝宝如厕训练时，还有很重要的一点，不要问宝宝要不要坐上去尿尿，要直接用肯定的语气"命令"宝宝。比如对宝宝说："宝宝，尿尿时间到了，坐小便盆上尿尿吧。"

隔半小时问宝宝想不想排便。一开始宝宝还不懂得主动说要尿尿，建议每隔半个小时问宝宝："宝宝，你想尿尿吗？"逐渐给宝宝养成用便盆大小便的习惯。

语言鼓励。宝宝第一次大小便成功时，一定要夸奖宝宝。比如，对宝宝说："宝宝尿在便盆里了，好棒！"当我这样跟小饼干说时，他一脸的自豪，还学着我说了句"好棒"。通过鼓励宝宝，让宝宝感受到如厕的愉悦，他会喜欢坐便盆上排便。

小饼干的如厕训练花了两个多星期。一般小宝宝的如厕训练时间在一个星期至一个月不等，所以，不用太焦急，多给自己和宝宝点耐心，一切顺其自然。

5.7 让宝宝爱喝水的小方法

宝宝喝水这件小事，也让不少妈妈忧愁。之前有个妈妈和我聊天，说宝宝平时只爱喝果汁、饮料，不肯喝白开水，好说歹说就是不肯喝水，愁死了。

其实，宝宝喝水也是一种习惯的养成。如果一开始操作不当，之后会难以纠正。

5.7.1　别乱给宝宝喂水

一般情况下，0~6 个月的宝宝是不需要另外喂水的。0~6 个月的宝宝肾脏发育还不够完善，额外喂水会导致宝宝身体电解质失调。而且，小宝宝胃很小，水喝多了，奶自然就喝少了，容易导致宝宝营养不良。

宝宝在 6 个月之后就可以喝水了，具体要喝多少呢？《居民饮水参考摄入量标准》中对于宝宝喝水的量大概标准是这样的：6~12 个月的宝宝，每天喝水 0.9 升；1~4 岁的宝宝，每天需要喝水 1.3 升。当然，这还包括奶水和辅食等食物的水分。

5.7.2　七个小方法，让宝宝爱上喝水

美国儿科学会建议宝宝在 6 个月之后就可开始练习用水杯喝水了，最好在 12 个月左右的时候戒掉奶瓶，最晚不要超过 1 岁半。千万不要小瞧喝水这件小事，让宝宝学会用水杯喝水，不仅有利于宝宝牙齿健康，还能促进宝宝语言发育，因为宝宝用吸管杯可以促进宝宝对口唇的运用能力，对于之后的学说话、吐字发音有很大的好处。

那么，我们如何让宝宝爱上喝水呢？

给宝宝准备合适的水杯。在宝宝 6 个月时用鸭嘴杯，在 9 个月时练习用吸管杯喝水，在 1 岁多可以练习用普通水杯喝水。

给宝宝挑他喜欢的水杯。如果宝宝不喜欢喝水，可以让宝宝挑自己喜欢的水杯款式。出于对水杯的喜欢，宝宝会经常拿着玩，这时可以引导他喝水。

和宝宝一起玩"喝水"的小游戏。比如"干杯"游戏，妈妈可以自己拿着水杯和宝宝的水杯轻轻碰撞，对宝宝说，"宝宝，干杯"，然后喝水给宝宝看。宝宝也会模仿着，一边玩一边喝。一个朋友就这样引导她儿子喝水，我觉得很有效，后来也这样陪小饼干玩。

以身作则。爸爸妈妈平时要养成好好喝水的习惯，宝宝看到爸爸妈妈喝水，耳濡目染，会觉得喝水是一件很自然的事情，也会模仿爸爸妈妈喝水。

少给宝宝喝饮料、果汁。如果一开始就给宝宝果汁、饮料这些比较有味道的饮品，宝宝尝到甜头了，会觉得白开水不好喝，自然不愿意喝。而且，果汁、饮料对宝宝来说就是重口味的饮品，喝得多了，再喝没有味道的白开水，宝宝自然会抗拒。所以，在一开始给宝宝喝水，给温开水即可，不用给宝宝添加其他味道。小饼干只喝白开水，吃水果，偶尔喝酸奶。之前给他喝过益力多，但后来发现糖太多，我也不怎么给他喝了。他平时都自己抢着去喝水，不用我们管。

如果宝宝已经养成只喝果汁、饮料的习惯，不愿意喝水，那就采用循序渐进的方法，慢慢把味道调淡，最后再让宝宝接受白开水。比如，一开始用果汁兑白开水，把味道淡化，喝一段时间后，宝宝接受了，再慢慢减少果汁的量，逐渐让宝宝接受喝白开水。

告诉宝宝喝水好处多多。如果宝宝的语言发育能力还不错，或已经 2 岁了，可以听得进一些简单的道理了，可以给宝宝讲讲喝水的好处，让宝宝明白喝水有利于健康，宝宝也可能会接受。

绘本引导。可以买一些关于宝宝喝水的绘本，通过书里的内容来引导宝宝爱上喝水。

不要强硬喂水。如果每次给宝宝喂水，你都很担心他不肯喝而硬把水塞到他嘴里，他会更加抗拒，没有一个宝宝喜欢"硬来"的方式。这就像吃饭一样，强硬地给宝宝塞饭，他也是会吐出来的，这样反而让宝宝对吃饭很反感。不到不得已，不要强迫喂水。

其实喝水，本来就是一件自然而然的事情，只要一开始方法对了，一切就会变得很简单。

5.8 第一口辅食，狼吞虎咽真好看

小饼干第一次吃辅食的样子，到现在还深深地刻在我的脑海里，因为实在太可爱啦！第一次给小饼干吃米粉，他张着小嘴，给他舀了一口，他狼吞虎咽地吃完，还用手来抓我的碗，迫不及待地想吃第二口，小饼干爸爸在旁边笑得像个天真的孩子，开心得不得了。我有个朋友的孩子，因为添加不当，导致排便困难，经常得四五天才排便，有时还得用开塞露或肥皂才能排出来。所以，添加辅食，还是得谨慎些，

不能完全按照经验来。

5.8.1 添加辅食的信号

《中国居民膳食指南》中建议：宝宝在满六个月后开始添加辅食。太早容易影响肠胃健康，太晚也容易导致宝宝不爱吃辅食、营养不良。不过有的宝宝在四五个月时就开始吃辅食了，这些还是要尊重个体差异，根据宝宝的身体发育情况来决定。如果宝宝有了以下行为，也可给宝宝添加辅食。

宝宝会坐。能够坐在宝宝的餐凳上了。

对大人吃饭表示很有兴趣。比如小饼干五个月时，一直盯着爸爸嘴里的食物，看得津津有味，还伸手去抓。

长牙齿了。宝宝开始长牙齿了，就具备了咀嚼食物的基础条件，而且咀嚼食物对宝宝学说话也有帮助。

掌握吃辅食的技巧。我们把辅食用勺子舀到宝宝嘴边，宝宝能够张开嘴巴，将辅食吃进嘴里，咽下去。

体重增长缓慢。六个月以内的宝宝，如果突然体重增长很慢，可以去看下医生，了解是否该添加辅食了。

5.8.2 添加辅食的小技巧

关于宝宝添加辅食的顺序，《中国居民膳食指南》建议：从富含铁的泥糊状食物开始添加辅食，再逐渐增加多种多样的食物。

六个月辅食添加。宝宝的第一口辅食应该是强化铁婴儿米粉。给宝宝添加辅食绝对不能操之过急，刚开始添加米粉，每天先喂一两口，等宝宝接受后再慢慢过渡到小半碗，从每天吃一次慢慢过渡到每天吃两次。给宝宝添加新的食物种类时，每次只能添加一种，观察三到五天，宝宝能够接受时，才能去添加新的食物。宝宝第一个月的辅食主要是强化铁米粉、米糊，比如南瓜米糊、苹果米糊、小米米糊等。添加顺序应该从味道淡的向味道甜的过渡，不能添加太油腻的食物，比如浓汤，因为宝宝肠胃还比较脆弱，难以消化。有的宝宝太早喝油腻的汤汁，导致便秘，排便困难，真的太遭罪了。

七个月辅食添加。宝宝七个月大时，辅食从糊状向泥状过渡。适当给宝宝添加粗粮、一两种肉类，可以锻炼宝宝的咀嚼能力和肠胃消化功能。但需要注意的一点就是，玉米和豆类要等到宝宝 1 岁之后再添加，因为豆类和玉米所含的蛋白容易使宝宝过敏。这时一般给宝宝吃三顿奶、三顿辅食，辅食分两顿正餐和一顿水果泥。

八个月的宝宝，可添加蛋黄。但还不建议吃鸡蛋白，蛋黄和肉类可以慢慢添加，但不能给宝宝吃太多。因为宝宝的肠胃、肾脏发育还不够健全，消化也不太好，吃太多反而影响宝宝身体健康。

九个月大的宝宝。大部分宝宝此时处于细嚼期，也就是主要靠牙龈来"咬"食物，这个阶段要给宝宝吃细小颗粒的食物，锻炼宝宝的口腔肌肉和咀嚼能力。

十个月大的宝宝。宝宝的牙齿长了一些了，咀嚼能力也越来越好，辅食可以从细小颗粒状过渡到大颗粒状，可以给宝宝吃软一点的米饭、面条和切碎的青菜末等。这时候的宝宝手部精细动作比之前好，可以尝试给宝宝拿个小勺子，让宝宝试着自己舀东西吃，也可以做一些能让宝宝抓着吃的食物。

宝宝 1 岁之后。就可以试着和大人一样，按照固定时间吃三餐，但宝宝还是要吃辅食，不能吃大人的食物，因为大人的食物口味比较重，会给宝宝的肾脏增加负担，也容易让宝宝变得重口味，从而不再喜欢吃辅食。宝宝在 1 岁之前尽量不添加盐和糖，这样会增加宝宝肾脏、肠胃的负担。1 岁后可以适当添加一点，但不能太多。平时能不添加就不要添加，口味淡一点，宝宝不容易挑食，对身体健康更好。

对于不爱吃饭的宝宝，妈妈也可以适当做一些形状可爱的、颜色比较亮丽的辅食给宝宝吃。宝宝觉得很好玩，感兴趣，就会多吃点。

宝宝添加辅食是一个循序渐进的过程，妈妈要耐心一些。如果出现过敏、腹泻等现象，还是得及时就医。

第 6 章

温暖有爱的家，

天真烂漫的宝贝

给孩子最好的礼物是什么？是资源优质的学区房，还是更好的物质生活？都不是。一个温暖有爱的家，才是爸爸妈妈给孩子最好的礼物。

6.1　爸妈相爱是给孩子最昂贵的礼物

6.1.1　夫妻关系第一，家庭更幸福

你是如何给自己人生中重要的关系排序的呢？

有些人是这样排序的：自己第一，伴侣第二，孩子第三，父母第四。

毋庸置疑，把自己放第一，爱自己是每个人都应该坚持的。只有把自己照顾好了，才有能力去爱身边的人。在夫妻关系、亲子关系与父母关系中，你会怎样排序？

很多人在有了孩子之后，会把夫妻关系放在后面，把孩子放在第一位。比如，有娃之后夫妻分床睡，为了孩子夫妻长期分隔两地，然后，慢慢地忽略了夫妻关系。还有的人把父母放在了第一位，什么事都要先考虑父母，忽略了伴侣的感受。这两种排序都不利于婚姻幸福，不利于孩子成长。

最好的排序应该是：夫妻关系第一，亲子关系第二，父母排第三。有些人肯定会说："真不孝顺，你爸妈白养活你这么多年了""娶了媳妇忘了娘"……有这种思想的人很多，在有些地方，这种思想更是根深蒂固，不是把孩子放第一，就是把父母放第一，觉得媳妇就是外来人。

有这种思想会导致什么样的负面影响呢？

把孩子放第一位的家庭，不利于孩子的成长，容易导致家庭破裂。把所有的爱都给了孩子，忽略了妻子或丈夫也需要爱与关心，时间久了，夫妻关系自然也就不和谐了。很多人讨论婚姻需不需要爱，答案是需要的。我们大部分人的婚姻一开始是因为爱而走在一起的，即使没有了激情，日子越过越平淡，也应该用心经营夫妻感情，尽量让彼此的爱在婚姻中延续，给孩子一个温暖有爱的成长环境。

有的父母把所有感情寄托在孩子身上，分外关注孩子的一举一动，很想去控制孩子，这样反而让孩子压力很大，影响孩子的健康成长，甚至造成孩子心理障碍。

当父母时刻想着控制孩子时，孩子又怎能按照自己的意愿去过自己喜欢的生活，做自己喜欢的事呢？孩子又怎么会幸福？

还有一种排序是把父母放第一位置，这种也不利于小家庭的和睦。拿时常发生的婆媳问题来说，当妈妈和妻子发生矛盾时，把父母放第一位的男人，一般只会站在妈妈这一边指责妻子，而妻子感受到的就是"你不爱我，你们把我当外人"，这样只会寒了妻子的心，进而导致夫妻关系不和，甚至离婚。

所以，无论是把孩子放第一位，还是把父母放第一位，忽略伴侣重要性的排序都是容易诱发家庭矛盾的。

6.1.2　爸妈相爱，是给孩子最昂贵的礼物

林文采老师曾经在《心理营养》中说过：有了孩子之后，

我们自然地把所有关注都聚焦到孩子身上，有时甚至因此忽略了与另一半的关系。殊不知，爸爸和妈妈良好的夫妻关系，是送给孩子最好的礼物。孩子认为：爸爸妈妈是他的整个世界，是他全部身心的来源，因此，他很害怕失去其中一个。特别是 3 岁以下的孩子，自我还没完全形成，对于分离的接纳度很低。这时如果爸爸妈妈分开，造成孩子和其中一人分离，会严重影响孩子的安全感。

　　所以，想要建立好孩子的安全感，让孩子知道爸爸妈妈相爱、不会分开，是很重要的。夫妻平时要注意经营好彼此的感情，而在夫妻相爱的家庭里成长的孩子，往往更幸福，更自信，心理更健康。

　　对我来说，用心经营好夫妻感情，用心去爱我的先生，就是我们给小饼干最好、最昂贵的礼物。研究表明，孩子长大以后处理夫妻问题的方法，大部分是从小在自己父母身边耳濡目染学来的。孩子会不自觉地模仿父母对于婚姻的相处之道，然后，把上一辈的相处方式带到自己的婚姻中来。

　　结婚之后，我就告诉我先生这个理念，他也一直在为这个小家努力与我沟通、磨合，试图让我们的感情变得更好。平时我们会制造一些仪式感来重温恋爱时的美好感觉，比如在情人节他给我送礼物或一起去看个电影，在结婚纪念日一起去我们第一次见面的餐厅约会。我们平日里在小饼干面前的相处方式也很自然，亲吻、拥抱、牵手、聊天等行为，小饼干都看在眼里，他有时还会学我去亲吻爸爸，那样子真是太萌了！

　　有的父母会因为小孩在跟前而不好意思去拥抱或亲吻对

方，其实大可不必有这种顾虑。平日里爱的拥抱、亲吻、牵手这种有利于促进夫妻关系的行为，可以在孩子面前自然而然地表现出来。

父母良好的亲密关系其实是给孩子最好的榜样。还有什么能比让孩子见证父母幸福，然后也像父母那样幸福地生活更美好的事吗？

6.2 夫妻和谐首要法则：好好说话

6.2.1 不会"好好说话"的夫妻，注定不幸

生活中，大部分婚姻出现问题，往往是沟通不顺畅导致的。相信很多女人会有这样的感触：结婚之后，他没以前那么爱我了。然后得出结论：男人得到之后不懂珍惜了。

我曾经在网上看过这样一个故事：一个女生来月经，痛到躺在床上休息，她想喝杯热水，却发现她的老公坐在电脑旁边一动不动，只顾着做自己的事情。那一刻，她的心冷了。她觉得老公不爱她，不关心她，连倒杯热水这样简单的事也不愿意做。没想到过了一会儿，她老公匆匆忙忙地跑去厨房，又跑出来递给她一杯热水，但她却一脸不乐意地说："不喝了。"老公淡淡地说："那放这儿吧，一会儿你想喝了自己拿。"他没有哄她，又坐在电脑旁。她气得在床上抹眼泪，她说："那一刻，离婚的心都有了。"

　　真的是老公不爱她吗？事实并不是她想象的那样。后来她才知道，老公那天心情也很不好。大周末，别人在外面陪老婆孩子玩，他却要坐在电脑旁加班，连喝口水的时间都没有，但他还是急匆匆地跑去给她倒了杯水，又急匆匆回去工作，而且更糟糕的是，那天他还被领导骂了一顿。

　　所以，其实会让女生产生误会的关键点就是没有有效的语言沟通。如果女生在需要喝水的时候主动跟老公说"老公，帮我倒杯水"，那就不一样了。他忙到没时间去关心她，并不代表他不关心，不爱她。正如那句话所说的："我工作时无法爱你，我不工作时没法养你。"而老公如果主动解释一下，"我工作很忙，今天心情不好，需要静一静"，也可以避免一场误会。

　　其实夫妻之间，除了相互爱慕、相互理解、相互包容，最重要的就是好好说话，有效沟通，这样婚姻才能更加长久。那么，我们要如何在和伴侣相处时，做到"好好说话"呢？

6.2.2　尊重男女差异，互相包容

　　"好好说话"是一门艺术，可以通过后天学习获得。夫妻之间也不要因为彼此太过熟悉，就觉得没必要花心思去学习怎么与对方交流。事实上，那些懂得运用智慧去与伴侣交流的人，他们的婚姻生活往往更加幸福、长久。

　　美国著名心理学家和精神病学家卡伦·霍尼在精神分析学派与阿德勒、荣格、兰克和弗洛姆齐名。他出版的《婚姻心理学》被称为"最接地气婚恋幸福宝典"，畅销50多年。

他在《婚姻心理学》中说：一对幸福的夫妻应该会经历5个阶段，其中第二个阶段就是"尊重男女差异"。

卡伦·霍尼认为，男人和女人在思考、交流和处理问题方面都存在差异。理解男女之间的差异才是处理矛盾的关键因素。

男女之间的思考方式和交流方式不同。 女人思考问题偏感性，而男人则偏理性。也就是说，在婚姻生活当中，经常出现这样的情况，我想说的和你听到的不一致，你所理解的也根本不是我要表达的意思。比如，当女人说"我没衣服穿了"，意思是"我没有新衣服穿"，想买新衣服。当男人说"我没衣服穿了"，意思可能是"我没干净的衣服穿"，需要换洗的衣服。

男女之间处理问题方式不同。 大多数男人在处理问题的时候，通常会选择压抑自我；然而大多数女人在面对问题的时候，倾向于找身边的人帮忙。经过多年的临床研究，卡伦·霍尼发现，男人无论是在面对悲伤、恐惧、孤独还是幸福的时候，通常选择把这些感情藏在心里；而女人就不一样了，她们大部分会选择倾诉和发泄来释放自己的情绪。

所以，在了解了男女之间的差异之后，我们要做的就是尊重彼此的差异，学会换位思考。比如，当你感觉老公不开心时，他可能是工作上有很大的压力，那你就不能像对待女生一样跟他说："没事，你说出来给我听，心里就好受多了。"他不喜欢说出来，他怕你觉得他没用，怕你觉得他不够男子汉，所以，这时你要做的就是安静地陪在他身边，给他一个爱的拥抱，"此时无声胜有声"。等他哪天事情解决了或者心里释然了，他愿意讲给你听时，你认真倾听，适当回应就好了。

再比如，当你和老公吵架的时候，他选择了沉默，你就会误以为他不在乎你，他在故意气你，但事实上男人在吵架时习惯用沉默来避免进一步争吵。他不和你吵，不是不爱你，相反，通常都是因为爱你，才不愿意和你吵，怕吵到最后不可开交，怕失去你。所以，当我们换位思考，理解了对方为什么这样做时，可能就没那么生气了，我们也要适当地给对方也给自己一个台阶下，吵架就不会恶化、升级。

在婚姻中，适当地服软并不会让你掉价，也不会让你老公看不起你；相反，他可能会更加爱你，因为他能感受到你爱的包容，你们的感情也会更加美好。

6.2.3　多点耐心，有效沟通

有研究表明，即使是再浪漫的爱情，两年之后也会激情消退，然后，就开始发现对方真实的一面，那些在热恋中没在意的缺点，就慢慢地呈现出来。如果没注意经营彼此的关系，就很可能开始互相抱怨、嫌弃，这段感情就很容易走向分离。相反，如果这时用语言真诚地赞美对方、鼓励对方，重新去欣赏对方的优点，两个人的感情就会更加稳固。

这样的经历，我和我老公也有过，我俩也差点因为抱怨对方而离婚。我老公是个实用主义者，从恋爱到结婚，从没给我送过一束花，但他会给我买我需要的东西，比如我写作需要的笔记本电脑、昂贵的护肤品。刚结婚时，我觉得这样也挺好，不浪漫就不浪漫吧，有心待我就好。但结婚一年多之后，我渐渐受不了他这样无情趣的生活方式，我忍不住爆发了，我指责他不浪漫，从没给我送过花，从不花心思哄我开心，送的礼物也不是我喜欢的。他也很生气，他说他这么爱我，对我好，给我送礼物，却被我说得一无是处。他认为我不懂他的爱，不体贴他，在那时，他认为我是个幼稚又任性的女人。

后来我看了很多关于婚姻的书，也咨询过朋友，我才发现已经很久没有夸过我老公了。我只盯着他的缺点看，以前爱慕他的那些优点，早已被我抛到九霄云外。我开始试着去理解他，他就是这样的性格，只是在用他的方式爱着我。他省吃俭用地努力赚钱，给我们提供更好的物质生活，他给我买我日常需要的东西，他会在我生病的时候给我买药，带我看医生，提醒我早睡、多运动，这种实实在在的、行动上的关心和爱，又怎么会比浪漫差呢？

我意识到自己的错误，开始去赞美我的老公。在他关心我、对我好的时候，表达感谢；在他感到沮丧的时候，鼓励他。

我老公确实长得不帅，看起来还有点凶，但在我眼里，他曾练过6块腹肌，有着179的身高，这样完美的身材足以让他变得帅气。最重要的是，我爱他，他的品行、他的自律让我觉得他很迷人。正所谓"情人眼里出西施"。

我对他的赞美和鼓励也得到了他爱的回报。后来他也开始学着按照我喜欢的浪漫方式来爱我。有一次他建议我俩一起去深圳一家餐厅吃饭，那是我俩第一次约会的地方。当晚，他还点了一首歌送给我，那是我俩以前恋爱时，在KTV经常合唱的一首歌——《命中注定》。

那真是一个美好的夜晚，我们聊起从前，回忆起恋爱的美好时光，慢慢地找回从前欣赏彼此的那些优点，不再只是盯着彼此的缺点而嫌弃了，我俩的感情也好了起来。

还有一个关于鼓励让夫妻感情更好、彼此共同成长的真实故事，是我在美国著名婚姻辅导专家盖瑞·查普曼的《爱的五种语言》中看到的。这段故事让我很受启发。

故事是这样的，妻子喜欢写文章，她以前给杂志社投稿被拒后，就再没投过稿。一天晚上，她的丈夫看到她写的一篇文章，觉得非常好，他对妻子说："我刚看完你的文章，觉得很有意义。亲爱的，你写得非常好，很生动，像描述了一幅图画。你是一位优秀的作家，这篇文章应该刊登出来，你可以把它寄到杂志社去。"妻子有些犹豫地说："你，真的这么想？"丈夫说："当然了，这绝对是篇好文章。"

在丈夫的鼓励下，妻子把很多文章寄到杂志社去。此后，她有很多文章刊登到杂志上，还签约出了书。丈夫在公司有着比较高的成就，而他在鼓励妻子获得更高的成就之后，他俩处于共同成长的状态，而不是一个快速成长，另一个停滞不前。妻子因为得到爱人的真诚鼓励而备受鼓舞，这种因为爱的激励而共同成长的夫妻，感情会更牢固，婚姻会更幸福。

著名心理学家威廉·詹姆斯曾说过："人类内心最深处的需要，就是感觉被人欣赏。肯定的言辞可以满足很多人的情感需求。当我们听到肯定的言辞时就会被激励，也更愿意回报对方。"

所以，当我们去赞美、鼓励伴侣的时候，就是在满足他内心"渴望被人欣赏"的需求，而当他被我们的语言所肯定后，得到激励，也更愿意用爱意来回报对方。所以，彼此表现出的爱和赞美更多，彼此的感情就会更加稳定。

还有很多夫妻明明感情不错，也没有出现大的原则问题，却因为一件不起眼的小事吵到差点离婚。这是为什么呢？

有一次，我和老公因为住酒店的事而吵得不可开交。最主要的原因是我嫌弃他不浪漫，不愿意花心思哄我开心，而他嫌弃我乱花钱，不懂勤俭持家。后来冷静下来，我才明白当我俩在吵架时，会把小问题扩大化，上升到人身指责、互相抱怨，然后，我气冲冲地提出离婚。结果因为一时冲动，存在的问题不但没解决，还差点把婚姻给"吵"没了（我承认这样确实很幼稚，现在想想也是惭愧）。

如果在吵架的时候，好好说话，有效沟通，不去指责，不去翻旧账，也不急于去评判对方，而是了解其背后的原因，相互尊重，相互理解，试着去接受彼此的意见，这样一来，沟通的效果会好很多。

现在网上有的文章或言论一味地宣扬男人要无限地宠女友/老婆开心，还说什么不哄你的男人都不爱你。看到这种我都自动屏蔽掉，真正的爱应该是平等的，相互理解，相互包容，而不是要求男人一味地去迁就女人。

结婚之后，尤其是有了孩子之后，为了给老婆和孩子更好的物质条件，男人努力赚钱，自己在外面吃十几元钱的快餐，却给老婆买上千元的护肤品，给孩子报上万元的早教课，他们也很辛苦。正是因为男人不愿意诉苦，把情绪都埋在心里，才更需要女人的理解和包容。当然，女人带小孩、做家务、赚钱也很辛苦，也需要被爱，被理解和被包容。所以，夫妻之间需要经常积极沟通，通过积极有效的沟通，了解对方的想法，才能更好地理解、体贴和爱护对方。在沟通的时候要注意非常重要的两点：认真地倾听，站在对方角度考虑问题。

一段健康的婚姻，应该是平等的；一段幸福的婚姻，永远离不开积极有效的沟通，双方都用心付出、积极沟通的婚姻会更长久、更幸福。

6.3 这样"调教"，让爸爸爱上带娃

林文采老师在《心理营养》中这样写道："近代心理学的大量研究提醒着我们一件事情，爸爸对孩子的自我形象、自我价值感的影响，比妈妈更大。也就是说，决定孩子未来'够不够自信，觉得自己够不够好'的人，更多的是爸爸。"所以，爸爸应该多参与到育儿生活中来。

我老公很喜欢带娃，喜欢陪小饼干玩，如睡前陪小饼干读绘本，带小饼干去楼下玩滑滑梯、玩平衡车，去附近的公园玩沙子，去小区外面的马路边看小饼干的心头爱——挖土机，他不仅会陪小饼干玩，还会照顾小饼干，如冲奶、做饭、喂饭、哄睡、洗澡，可以说带娃的十八般武艺他是样样精通！

我有时会在朋友圈发一些他陪小饼干玩或者带我们去游玩的照片，很多朋友夸他是个很有耐心的爸爸，还有辣妈朋友夸我眼光好，老公好，然后，吐槽自己的老公不仅不带娃，还在她管教孩子的时候瞎插手，批评她的不是。

很多妈妈都会吐槽自己老公不给力，老公不喜欢带小孩，

小孩也不爱与爸爸亲近。其实我老公一开始也并不是这样的，他之所以喜欢带娃，不仅因为他是个负责任的丈夫，是个有爱的爸爸，更是离不开我这两年来的努力"调教"！

6.3.1　一起学习，提前分工

不要指望这世上有天生的好爸爸，大部分的好爸爸也是需要调教的。一般家庭带孩子是以妈妈为主，很多男人一开始对于照顾孩子、育儿知识一窍不通，有的甚至觉得这只是老婆的事情，他只需要赚钱就够了。

所以，有了孩子之后，或者在有孩子之前，我们可以先把育儿分工问题沟通好，这样就可以减少因为照顾宝宝和育儿理念不同而吵架。

给老公安排育儿主要任务：陪娃玩。林文采老师在《心理营养》中写道：爸爸最擅长的事情的确不是怀抱年幼的孩子，但这并不代表爸爸不需要陪伴孩子。爸爸最好的陪伴就是陪孩子游戏，在游戏、玩耍的过程中，让孩子感觉到"爸爸喜欢我"，从而获得自我价值感的认同。而这个过程中，妈妈也需要承担起为他们创造沟通机会，甚至担任桥梁的角色。

对于这段话，我深以为然。如果想让老公参与育儿，轻松育儿，就从他擅长的点入手，这样可以事半功倍。

一起看育儿书。有了小饼干之后，我买了几十本育儿书，因为我知道，认真学习育儿知识才能更好地养育这个纯白如纸的小生命。我们认真上课、拼命学习、通过考试，才能勉强找到一个不错的工作。而育儿也是一样需要学习，我们只有努力学习育儿知识，才能更好地做育儿这件事。我经常给朋友推荐好的育儿书，我非常希望每个爸爸妈妈都能尽量少犯错误，希望每个孩子都能健康快乐地成长。

养育一个生命，比工作和上学重要多了，更需要好好学习。因为我们养育出什么样的孩子，不仅影响孩子自己的一生，还会影响与他相处的人，往大了说，甚至影响整个社会。

夫妻一起看育儿书，除了能够学习好的育儿理念，还能增进夫妻关系。平时在带娃的过程中，出现分歧的次数会少，更多的是彼此都在坚持共同的理念，这样对教育好宝宝、促进夫妻感情是有益的。

规划育儿蓝图。可以和老公一起制定育儿蓝图，当你们一起执行这份育儿计划时，朝着一个方向共同努力，不仅育儿生活会更和谐，也会让彼此更有成就感，增进彼此的感情。

6.3.2　把爸爸夸得心花怒放

很多爸爸在一开始，确实不知道该怎么照顾宝宝。记得小饼干刚出生的第一天晚上，爸爸都不敢抱他，不是不想抱，而是他不知道怎么抱才是正确的，他害怕他一不小心用力太猛，就会把幼小脆弱的小饼干弄伤。这时他需要的是鼓励。我教他一只手护着小饼干的头颈，一只手托着他的小屁股。看着老公第一次抱起小饼干又喜又爱的样子，我的心暖暖的。

"你抱的姿势很不错，爸爸抱小宝宝，看起来很有爱"，我这样夸老公。老公一脸又喜又自豪的样子，就像个得到糖果的孩子一样开心。

很多人说我老公是个好爸爸。确实如此，他很喜欢陪小饼干玩。其实在生小饼干之前，他说自己不喜欢照顾小孩。我那时没多想，但有了小饼干之后，我努力学习育儿知识，明白一个爸爸参与育儿对宝宝有多大的重要性后，我也把老公的观念扭转过来，让他用心参与育儿。

由于男女差异，女人天生比男人擅长带娃，男人一开始带孩子确实略显笨拙，但带娃的技能是可以通过学习和练习获得的。平时在老公有空时，一定要让他参与带娃。很多妈妈会嫌弃自己老公碍手碍脚，吐槽老公帮不上忙。时间久了，老公自然不喜欢带娃了。你想一下，当你学着做一件自己不擅长的事被责备和吐槽后，你还愿意继续做吗？而当你被夸做得好时，你是不是就更想把这件事做好？

对待老公带娃这件事，最简单的做法就是用心夸，切忌批评和责备。爸爸学带娃本来就像小孩子学知识一样，需要用心鼓励，才能获得更好的效果。所以，摒弃消极的语言，夸到他心花怒放，效果更佳！

6.4　做全职妈妈还是职场妈妈

6.4.1　职场妈妈也能养好娃

成为妈妈之后，到底是当全职妈妈在家带娃，还是出去工作？这应该是所有妈妈都会面对的难题吧。在讨论这个问题之前，我想先聊聊自己作为全职妈妈和职场妈妈的亲身体验。

当我作为一名职场妈妈时，我过着白天工作、晚上下班回家带孩子的日子，时不时会对宝宝有种愧疚感。比如，当宝宝生病需要人照顾时，我却不得不在公司工作，让小饼干的奶奶去照顾，那一刻我觉得自己是个不称职的妈妈，没办法陪在宝宝身边，深感愧疚。再比如，当我要去上班时，小饼干却很伤心地哭喊："我要妈妈，我要妈妈。"我面带微笑地和小饼干道别，一转头，眼泪就往外涌。面对这么黏自己、爱自己的宝贝，却不能时刻陪在他身边，实在难掩内心的伤感。

但值得高兴的是，小饼干并不会因为我白天没时间陪他而与我疏远；相反，他很爱我，信任我，依赖我。在他心里，我永远在第一位，每次我回家他都很开心，有种喜出望外的感觉。

不少职场妈妈有这样的困惑：自己的宝宝与保姆或者平时照看他们的爷爷奶奶、外公外婆更亲近，晚上不愿意和妈妈睡，有时哭闹还不愿意让妈妈哄，一定要白天经常照顾他的大人哄才愿意安静下来。

一个邻居辣妈说女儿不愿意和她睡觉，女儿1岁之前一直都是外婆带着睡觉，有时还不愿意让她抱哄，她感觉很苦恼。聊天时我还了解到，她也不懂如何陪宝宝玩，与宝宝的互动不多，陪伴质量自然也不高。越小的宝宝，谁带睡觉，谁用心陪伴，就会和谁亲近，特别是1岁之前的宝宝，更需要妈妈亲自陪睡，宝宝才与妈妈亲近。

有时，每天高质量陪伴宝宝两小时，比24小时"看着"宝宝的育儿效果更佳。而且，有调查表明，很多职场妈妈带出来的孩子反而更优秀。所以，职场妈妈不必为自己没法时刻陪在宝宝身边而感到焦虑和愧疚，每天下班后花两三个小时用心陪伴宝宝，就可以给宝宝足够的爱和安全感了。

6.4.2　提升自己才是正经事

　　做了一年多的职场妈妈后，为了减少婆媳矛盾，更好地照顾小饼干，我选择辞职，在家全职带娃。在这期间，我发现，做职场妈妈的那段时间，反而是我状态最好的时候。以前一直因为没时间陪小饼干而感到自责，更珍惜下班后陪伴他的时间，所以，陪伴质量更高。而当我 24 小时带小饼干，既要做饭、做家务，还要陪小饼干玩，这种生活状态让我渐渐对小饼干失去耐心，甚至时不时对他发起了脾气。我也没那么多耐心陪他读绘本、玩玩具，我每天真正用心陪他玩的时间还没做职场妈妈的那段时间多。我时不时渴望拥有自己独处的时间，比如躺下来刷刷手机，出去逛街，看个电影，或者出去短期旅游。

　　那么，到底要怎么选择呢？

　　首先要有一个心理准备，无论成为全职妈妈还是职场妈妈，有娃的头三年都会很辛苦。有了这样的心理预期，当困难、失落、焦虑出现时，就能降低内心的不适感。

　　如果老公经济收入还不错，足以支撑起这个家，而自己又特别渴望时刻陪伴孩子，可以选择在家全职带娃。但要谨记一点，你的生活不能只有孩子和老公，即使家里不需要你挣钱，你也可以在空闲之际提升挣钱的能力及综合素质，多看看好书，让自己成为一个更睿智、思想更成熟的女人。

如果你有一份自己喜欢的、值得一生为之努力的好工作，不建议你放弃。一辈子那么漫长，养育孩子是人生的一部分，妈妈也要有自己努力的方向，需要权衡利弊地去克服困难，努力把工作和育儿的时间分配好，把夫妻关系、宝宝的身心健康作为首要考虑条件。

总之，让自己成为一个独立、有智慧的女人，应该是每个女人都追求的方向。也许你不需要经济独立，但你一定要精神独立，运用智慧把平平淡淡、起起落落的日子过得风生水起。拥有智慧的女人，对孩子、对老公、对家人都是有帮助的，不仅可以让自己变得越来越好，更可以让这个家变得越来越好。

我们永远也不知道明天会发生什么，无论是感情还是工作，都不是一成不变的，反而很容易发生改变。假如哪天老公突然失去了工作，挣不到钱了，拥有赚钱能力的你也可以帮忙支撑起这个家，不至于让这个家不堪一击，失去依靠。

努力让自己成为一个更好的自己、一个更优秀的伴侣、一个更好的妈妈，是一件值得用一生去长期投资、付诸努力的事。

6.5　要不要婆婆帮带娃

6.5.1　如果条件允许，自己带娃吧

对于要不要让婆婆帮带娃的问题，没有标准答案，但如果面临抉择的话，我的选择是"不要"。经济条件允许的话，

还是自己带，和婆婆分开住。

　　婆媳之间最大的矛盾点在育儿冲突。一个家庭只能有一个女主人，娃的育儿问题应该听谁的？这时很容易左右为难，毕竟婆婆拥有那么多年的育儿经验，她帮忙带娃，那她肯定也想"做主"。老人的育儿理念和年轻人的科学育儿矛盾重重，这时候问题就爆发了。

　　育儿矛盾最容易导致婆媳关系不和，一旦两个人的关系有了裂痕，就很难再和好如初。无论是婆媳关系，还是夫妻关系，如果因为各种问题闹得不和，即使最后妥协、道歉，伤害已经造成，自然很难像以前那样好。更甚者，彼此心生怨恨，关系破裂，男人夹在中间左右为难。一旦没处理好，很可能导致夫妻离婚，甚至老死不相往来。

　　保持良好婆媳关系，促进家庭关系和睦的前提就是尽量不要和婆婆住在一起，这样还能减少夫妻矛盾。你想一下，如果你和婆婆闹了矛盾，你确定你老公能无条件地站在你这边吗？你确定你的老公是个高情商、有能力处理好婆媳问题的男人吗？其实很难，不少中国男人在婆媳矛盾面前手足无措。

　　也有人说，我老公很会处理婆媳关系啊，婆婆也很明事理。如果是这样，那真是要恭喜这位辣妈，像这样老公有智慧而婆婆格局又大的家庭是万中挑一啊，遇上就是幸运至极。而大部分的普通女人只能遇到普通的男人和婆婆，再加上自己也很难处理好家庭关系，那还不如一开始就断了这个念头。

　　自己带娃，不和婆婆住一起，不仅避免了矛盾，也有利于促进夫妻感情。比如，因为老人在场，夫妻之间不好意思有一些亲密动作，不要小看夫妻之间的亲密动作，那也是婚姻生活的调味剂，让夫妻感情升温。

自己带娃，累是真的累，但也是一种成长，会让我们慢慢成为一个认真带娃、认真生活的好妈妈。

6.5.2　请婆婆带娃，准备工作要充足

那如果实在条件不允许，要婆婆来帮忙呢？那就要提前学习婆媳相处之道，做好充足的准备工作。

（1）和老公约定好，育儿问题，应该由自己来做主，婆婆只是辅助，还要和老公约定好，如果自己和婆婆出现育儿矛盾，一定要公正。

（2）和老公一起看育儿书，学习育儿知识，让他在育儿理念上与你同步，这样在与婆婆有育儿矛盾时，他也劝说，讲道理。

（3）降低预期。不要按照书本那样去要求你的婆婆，不要指望老人能像年轻人一样科学带娃。如果不是原则性问题，不影响孩子身心健康，就随婆婆吧，不必事事都要按照自己的理念来。心放宽一些，自然矛盾也少一些。

（4）理解婆婆的不易，心存感恩。大部分的婆婆都是付出型的，自私自利的比较少。她们为了帮儿子和儿媳带小孩，为了儿子的小家庭，勤快地做家务、做饭、照顾孩子。她们还努力去融入新圈子，带着孙子在小区楼下和邻居打交道，为的就是孙子能有个好玩伴。我的婆婆非常勤快，总是把家里打扫得干干净净。她在老家从来不做饭，来深圳之后，还

要帮我们做饭，研究辅食，那用心程度比我强多了。

（5）对婆婆表达感谢，肯定婆婆。日常一定要经常对婆婆表达感谢，嘴甜一点，夸一夸她做得好的地方。细心观察婆婆喜欢什么，再投其所好地给婆婆送点礼物。像我的婆婆虽然很朴素，平时不打扮，但我发现她其实也对护肤感兴趣。我就给她买护肤品、面膜和口红，她挺开心的，也会学着去用。有时换季了就给她买点新衣服和鞋子，她还有点不舍地放起来，说要等同学聚会再穿。人与人之间的相处，是将心比心的，相信时间久了，她也能感受到你的真心。

6.6　为什么一定要自己带孩子

6.6.1　生而不养，是父母最大的失职

我一直认为，为人父母，一定要克服万难，把孩子带在身边，亲自抚养。没有什么可以代替父母的爱和陪伴。

刚生完小饼干，还在坐月子时，我婆婆说要帮我们带娃，把小饼干带到老家，等读幼儿园再送回来。她的心意是好的，她想让我和我老公安心赚钱，但被我婉拒了。无论再怎么辛苦，我都会把小饼干带在身边。我的理念是要么不生孩子，生了孩子就必须对他负责任，亲自用心把他抚养成一个合格的人。

有一次我朋友和我聊天，她说很羡慕她的一个美女同事，家里有钱，生了小孩之后，生活得很自由，把孩子丢给保姆

带，自己不用带，真好！她平时出去工作，经常和老公去旅游，还是像少女时代那么潇洒。她又说，孩子从小保姆带，跟保姆睡，她就下班回家抱抱孩子，平时也不怎么陪孩子玩，但孩子现在跟保姆很亲，不愿意和她在一起。

我听到之后回她："你觉得她这样好吗？自己生的小孩却不用心养，花钱请保姆就觉得可以高枕无忧，这种父母是不负责任的。不想花时间陪孩子，那岂不是不生孩子更自在、更好？"

养孩子不是"钱"就可以解决的问题。宝宝是个有血有肉、有思想、独立的生命个体，宝宝最渴望的、最需要的就是爸爸妈妈的爱和陪伴。有了爸爸妈妈的用心关怀和教育，他才能茁壮成长为一个身心健康、优秀、内心有爱的人。

有了孩子之后，没什么比责任和爱更值得坚持，没有比好好养育宝宝更重要的事。生而不养，才是为人父母最大的失职。

6.6.2　"不养我，又有何资格管我"

这世界上有太多留守儿童、养育不当的孩子，他们长大成人，容易出现心理问题，这些主要还是因为父母没把孩子带好或者没亲自养育孩子。

现实中，大部分老人带小孩难免会比较宠溺，再加上对科学育儿知识的匮乏，养出来的孩子容易没有规矩又爱闹脾气，各种行为习惯都不太好。

如果父母不亲自带孩子，孩子和父母不亲密，不利于亲子关系的建立，不利于孩子安全感的建立。之前看过这样一个故事，一个男生的爸妈总是把他丢给家里的老人带，他们忙着赚钱，给孩子最好的物质条件，上最好的学校，住大房子，吃穿用都是最好的。等孩子读初中了才把孩子接到自己身边，却发现这孩子很不听话。儿子不仅不爱和他们说话，还不听他们管教，而他们对孩子的做法永远都是看到他做错事就批评管教，也没真正地去了解孩子为什么不听话，孩子为什么会做错事。有一次他儿子终于说出了心里话，他说："你们从小到大都没管过我，我想你们的时候你们在哪儿？现在又有什么资格来管教我？"

是呀，没真正花时间和精力去陪伴孩子成长，孩子与你都没有感情链接，他又怎么会愿意听你的管教？时间、爱、陪伴、感情等不是花钱就可以替代的，亲子关系也是如此。

对宝宝花了爱和精力，宝宝才愿意听从你的管教。宝宝在 0~3 岁是培养智力、安全感、情商、性格、行为习惯等的黄金时期，如果我们不亲自陪伴宝宝成长，我们错过的不仅仅是三年，而是一段亲子关系的建立。错过陪伴孩子一起成长的美好时光，将成为无法挽回的人生憾事。

6.6.3　陪伴孩子成长，累并快乐着

小饼干几个月大的时候，我想一边带小饼干一边工作，所以，我需要有人来帮忙带他。我们考虑过请保姆，但我老公和我都不放心保姆照顾孩子，而我的婆婆还没退休，只能请我妈过来深圳帮我带。那段时间真的挺难的。我妈妈住在

我姐家，我和老公每天起得很早把宝宝送到我姐家给我妈带，我俩再分开去上班。下班了到我姐家把宝宝接回去，虽然那样很麻烦，但我从来没有产生过把宝宝丢给我妈放老家带或给婆婆放在老家带的念头。

在那段时间，我妈说，小饼干每天一到下午五六点，就开始爬到我姐家的门口，像是在等妈妈回来。我妈说这话时，我在公司坐在电脑面前码字，就那么一瞬间，泪水湿了我的眼眶。我既自责、心疼，又不禁感叹，"原来宝宝是这么爱我呀"；即使我白天没时间陪他，只有晚上那会儿时间，宝宝依然是那么想我、需要我。这种被需要、被爱着的感觉，让我更珍惜与宝宝在一起的时光。

每天一下班我就飞奔回家，吃完饭给小饼干洗澡，带小饼干去楼下玩，去超市逛，陪他玩玩具，喂他喝奶哄他睡觉。每晚睡前的两个小时，是我陪小饼干的时间。虽然不能全天陪着小饼干，但也正是因为每天点点滴滴地用心陪伴，小饼干才那么地信任我、亲近我、爱我吧。

我妈身体不太好，家里也需要她回去帮忙，她只能帮忙带几个月，所以，之后我们把我婆婆请过来，帮忙照顾小饼干。我婆婆是个勤快又精明能干的人，她对小孩也很有耐心，很用心，但即使如此，她也难以逃脱隔代亲、宠溺式带娃，容易对小饼干百依百顺，用不科学的方式去教育小饼干……总之，育儿矛盾日渐增加。为了家庭和谐，为了小饼干的健康成长，我选择做全职妈妈。和我老公商量后，我们决定自己抚养小饼干长大，我们对我婆婆表达了谢意与歉意。她也欣然同意，平时隔段时间就会来看看小饼干。

　　成为全职妈妈对我真是一种巨大的挑战。我平时不喜欢做家务，也不擅长做饭。那段时间我老公经常出差，我一个人做饭、洗碗、拖地、晾衣服，陪小饼干玩，给他洗澡，陪读绘本，哄他睡觉。他睡着之后我就开始整理玩具，收拾家里，一整天下来，身心疲惫。而且1岁多的小饼干很黏我，我做饭时他却哭着叫我陪他读书、陪他玩，我一走开他就大哭。我有时也会忍不住对他发火，我实在太累了，那种感觉孤独又无助。在这过程中，我也学着慢慢去调整自己。

　　在小饼干睡着之后，我会写点育儿文章或录段育儿视频发到小红书平台上，所以，那段时间经常熬夜。后来实在感觉精力分配不过来，为了全心带小饼干，我老公和我商量，让我暂时放下小红书，有空再做，也可等小饼干上幼儿园再做。虽然觉得挺可惜，毕竟那是一份我热爱的事业；但比起小饼干，比起经营我们的小家，这就没那么重要了。我开始接受这样的事实：一个人的精力是有限的，有舍有得才是人生。我觉得自己很坚强，很幸福。陪伴小饼干成长的日子，是我二十多年来最幸福的时光。

　　随着小饼干慢慢长大，全职妈妈的日子也慢慢越过越顺。现在回忆起来，为宝宝努力的时光，更多的是温暖和感动。一路陪着小饼干从一个嗷嗷待哺的婴儿到蹒跚学步，再到问我"妈妈你会永远爱我吗"，还会给我送零食的小暖男，每每回想起来，内心是满满的快乐与感动。这些温馨的回忆，在往后的日子里，足以让寒冷的冬夜变得温暖，那是金钱换不来的、世上最无价的美好。

第7章

成为辣妈之后，那些

幸福的小事

成为妈妈，很辛苦，但如果来生让我再选择一次，我还是会选择成为妈妈。比起拥有太多的爱和幸福，这点辛苦又何足挂齿？

7.1 生活除了柴米油盐，还有"小确幸"

村上春树在《兰格汉斯岛的午后》中说道："如果没有这种小确幸，人生只不过是干巴巴的沙漠。"

"这种小确幸"指的是什么呢？在鸡毛蒜皮的日子里，发现美好和快乐。比如，当你忙完一天的家务，睡前看到熟睡的宝宝，顿时倦意全无，更多的是愉悦感和幸福感。你看，即使再苦再累，总有那么一两个小确幸让我们深深地感到"人间值得"，也不禁感叹生活多美好呀！

生活中有了小确幸，即使再疲倦，第二天的我们，就像满格的充电宝，依然开启元气满满的生活。

自从有了小饼干之后，我发现生活中的小确幸越来越多。这些小确幸就像一个个小太阳，温暖着我；就像一束绿光，让我的育儿生活充满着希望。在这儿想和大家分享一下二十个小确幸。

（1）小饼干第一天来到这世界时，不安地"啊咕啊咕"地哭，我说了一句"宝宝"，他顿时安静下来，用他的小斗鸡眼往我的方向望过来（他应该看不清楚我的脸，只是听到声音），那是我人生中第一次感受到做妈妈的幸福。

（2）睡前看着小饼干安睡在婴儿床上，摸着他那小脸蛋，我情不自禁感叹：我家宝宝怎么这么可爱。然后，趴在老公的胸口，念叨："我们宝宝太可爱啦！"

（3）五个月大的小饼干嘴里突然蹦出"猴子"的发音，我欣喜若狂。

（4）有一天小饼干哭着发出了"妈妈、妈妈"的声音，双臂展开，伸向了我，我在厨房一边炒菜一边激动地回应，然后把小饼干抱在怀里。

（5）小饼干发烧38.5度，我和老公紧张了一夜，第二天早上，终于好了。

（6）小饼干第一次吃辅食，抓着我握勺子的手，拼命往自己嘴里塞。那狼吞虎咽的样子，真好看。

（7）第一次给小饼干吃小饼干。

（8）小饼干第二次叫"妈妈"，发音非常清晰，<u>丝毫没有跑调</u>。那是我活了二十六年来最幸福的一天，没有之一。

（9）小饼干第一次站起来，扶着婴儿床跟着音乐扭屁股，舞姿优美。

（10）小饼干第一次接母婴品牌的拍摄广告，我内心很欣慰，居然小小年纪就可以自己赚纸尿裤的钱（虽然钱少，但为娘的内心就是高兴）。

（11）背着小饼干去楼下超市买了个脸盆，一路上，六个月大的小饼干两只手紧紧抓着那个脸盆，帮我拿到了家里，没掉下来过。

（12）有人夸小饼干可爱、漂亮，重点是夸他遗传了我的容颜。

（13）夜里，窗边的小台灯发出暖黄的光，窗外下着淅淅沥沥的小雨，小饼干抿着小嘴熟睡，老公躺在我的身边睡着了，然后，我伴随着老公的鼾声和窗外的雨声入睡。

（14）和老公吵架之后，他主动道歉，并逗我笑。

（15）老公成了一个超级奶爸。记得我怀孕的时候，老公说他不想带孩子。小饼干呱呱坠地之后，他是我们家第一个抱小饼干的人。他开始一下班就回家带娃喂奶的奶爸生活，并对这样的生活痴迷不已。

（16）过年时可以回娘家，我们家七个兄弟姐妹都带着自己的娃，家里就像开了个幼儿园，大点的娃娃玩游戏，小娃娃满地爬来爬去，大人搓搓麻将、吃吃宵夜。一大家子，其乐融融。

（17）有一次我给小饼干剪指甲，把他的手指剪了一块肉，老公心疼地责备我，我有点委屈。从那以后，剪指甲成了老公的专项工作。每次老公给小饼干剪指甲，小饼干都瞪大着眼睛看着自己的手，好像被剪指甲是一件很好玩的事。

（18）老公一有什么好东西就会马上和我分享，比如买房子写我的名字。

（19）情人节那天，老公陪我去看了电影《一吻定情》，我俩都笑得很大声；在看到感人之处，我也哭得稀里哗啦。真好呀，我还可以像少女时代那样想哭就哭，想笑就笑。《一吻定情》是电视剧《恶作剧之吻》翻拍的，那是我中学时最喜欢的电视剧。看完《一吻定情》和老公讨论起初中暗恋的一个男生，他居然有吃醋的感觉！

（20）晚上下班回家，给小饼干洗好澡后，和老公一起陪小饼干去散步。出门时，小饼干喜出望外；出门后，小饼干东张西望。看着他东瞧西瞧的表情，还有高兴到甩来甩去的腿，真好玩呀。有本书叫《你就是孩子最好的玩具》，我觉得孩子才是我最好的玩具。

是呀，我时常感觉，是小饼干让我又一次重温童年的快乐。不想长大的我，也想陪小饼干一起度过我人生中的第二次童年，和他一起体验童年的纯真与快乐。

有了小确幸，就可以让柴米油盐的小日子过得有滋有味。希望我们都能在柴米油盐中发现属于自己的小确幸！

7.2 写给小饼干的一封信

亲爱的小饼干：

你好呀！我是深爱你的、美丽迷人的妈妈！

一直都想好好地给你写封信。虽然你每年生日我都会写一封信给你，但妈妈这次想写给成年的你。当你看到这封信时，你刚好18岁。18岁是个多美好的年纪啊，向往爱情、探索未知、追求梦想，你的人生才刚刚开始。

希望这封小小的信，可以给你在未来的日子里带来一股向上生长的力量，陪伴着你，成为一个勇敢、幸福而又睿智的好男儿。

关于工作

妈妈希望你能选一份自己喜欢的工作，并为之努力。人这一辈子，短短几十载，除了和喜欢的人在一起之外，最幸福的事莫过于做自己喜欢的事。选择一份自己喜欢的工作，会倾注更多的热情，你会为之付出百分之百的努力。这时的工作就不仅仅是工作，而是你值得用一生去付出的事业。虽然这个过程会遇到很多困难，感到疲倦不堪，但也收获了快乐和充实感。一个内心充实、有能力获得快乐的人，才能给别人带来幸福感。

关于恋爱

18 岁的你，不出意外的话，应该刚上大学，你应该很向往爱情吧？大学里除了学习很重要之外，恋爱也是一门必学技能。女作家严歌苓在《芳华》中说过："人间有多少芳华，就有多少遗憾，一个人在经历了许多事情后就会发现，青春真的是一个人拥有过最美好的东西。"是呀，比如，青春时期喜欢一个人时小心翼翼、有喜有伤的悸动。那种美好是往后的日子用多少金钱和时间都换不来的。所以，如果遇到心动的女孩子，就勇敢地去追求吧，好好享受人生中美好的青春时光。

懂得感恩

做人要有一颗感恩之心。如果有人真心对你好，帮助你，一定要把这份真情放在心里，对真心待你、诚心帮你的人表达感谢。如果有一天对方需要帮助，你也要在能力范围内去帮助对方。

幽默与乐观

要做一个乐观又幽默的人。拥有乐观的心态，才能遇事不慌，处事不惊，即使遇到再大的困难也能重新站起来。而幽默不仅可以给自己和他人带来快乐，也能调整自己的心态，让自己更加乐观。

妈妈很感谢自己的妈妈，也就是你的外婆，她是一个不识字、没受过高等教育的农村妇女，但她这辈子教给我最重要的两样东西，一个是能吃苦，另一个就是幽默与乐观。也正是因为乐观的心态，让妈妈觉得每一天都过得很快乐，很有意义，希望也能给你的人生带来积极的影响。

善良

一定要做一个善良的人，严以律己，宽以待人。网上流行一句话："你的善良要有锋芒。"妈妈也很认可这句话，虽然妈妈希望你善待他人，但这世上也会有坏人，不是所有人都值得你待他好，把你的善良留给值得的人。在善待他人的同时，请记得也要保护好自己。希望你能成为一个善良的人，也能被人温柔以待。

有责任心，有担当

一个男人最重要的能力是什么？是赚钱能力，还是幽默感？其实都不是，而是有责任心和有担当。如果你有了家庭，你会成为一个女人的丈夫，也会成为一个孩子的父亲，这时最重要的就是有责任心和有担当。你要和你的爱人一起，支撑起你们小小的、温馨的家。

读书、思考

平日里要养成爱读书、爱思考的好习惯。人的大脑如果停止思考就会变得迟钝。勤思考、看好书可以让你活得更充实，更快乐，更智慧，也更优秀。

坚持运动，培养爱好

平时有空要多运动，身体健康才是最重要的。最少要培养一两个自己的爱好。为什么呢？人的一生，除了要学习和他人打交道、和爱人相处，还有很重要的一点就是学会独处。独处时，总要做点有意思的事来打发时光吧，可以做自己喜欢的事，如果喜欢看书就看看书，喜欢打篮球就去打篮球。

永远的爱，永远的依靠

最后，妈妈想告诉你，无论你在哪儿，无论你成功或失败，无论你是十几岁还是几十岁，爸爸妈妈永远爱你。无论你做什么，只要是合法的、问心无愧的，爸爸妈妈永远支持你。一个人在外生活，如果拼尽全力还是达不到想要的结果，也不必自责。累了，遇到难题了，感到孤独无助时，欢迎随时回家。这个小小的家，就是你永远的依靠，永远的避风港。

最后，妈妈还是想谢谢你，谢谢你成为我的儿子，谢谢你让妈妈成为更好的自己。爸爸妈妈永远爱你！

7.3 "妈妈"：世上最动听的声音

这世界上最动听的声音是什么？不是天籁般的歌声，不是百灵鸟的叫声，而是小宝宝第一次发出"妈妈"的声音。

小饼干第一次叫"妈妈"的时候，我欣喜若狂，内心乐开了花。

那段时间我还引以为傲，拿这件事和我老公开玩笑式地"炫耀"。有一天晚上我俩坐在客厅聊天，我就逗他说："宝宝现在最爱我了，只叫妈妈，都不叫爸爸，说明你在他心中的地位没我高。"老公像个小孩一样和我斗起嘴来："别得意忘形，等他长大一点，他肯定更喜欢我，我可以带他去打篮球，你行吗？"

那天晚上，我俩就这样，你一言我一语地"斗"了几个回合。现在回想起来，这样甜蜜的斗嘴时光，应该多来点！

被一个小生命爱着的感觉，有时比找到一生的真爱还令人感动、幸福。

曾经在网上看到一首爆红的小诗——《挑妈妈》，一个孩子写给妈妈的，当初不知看哭了多少妈妈。

你问我出生前在做什么

我答

我在天上挑妈妈

我看见你了

觉得你特别好

想做你的孩子

又觉得自己可能没那个运气

没想到第二天一早

我就已经在你的肚子里

多么美好的爱呀，你可能永远都不知道，宝宝有多爱你。他们爱我们，远比我们想象中多得多。特别是0~3岁的小宝宝，他们的世界里只有爸爸妈妈，他们最爱的也就是眼前照料他们的爸爸妈妈。

也许冥冥之中，就是宝宝挑中了我，与我成为母子，来到我们的小家庭，赶走了我的孤单，带给我爱和成长。

能让一个女人发生巨大变化的，除了爱情，就是孩子。我会时不时在朋友圈晒晒小饼干有趣的日常、可爱的照片。和别人聊天时，脑子里全是小饼干，总是忍不住想在别人面前夸一下小饼干、分享小饼干可爱懂事的一面。而且，我会经常看着手机里小饼干的照片和视频傻笑。

这种爱着宝宝，也被宝宝深爱着的感觉，只有当妈的人才能体会到！时常在想，生活其实挺苦，是宝宝提醒我，生活也可以很甜。为了这一声"妈妈"，做什么都值了！

就让我们像宝宝爱我们那样，温柔地爱他们，对宝宝说一句"宝贝，谢谢你爱我"吧。

7.4 冬夜，我们仨去逛超市

结婚有娃之后，从喜欢逛街买衣服变成了喜欢逛超市。

忙碌了一整天，挤着地铁飞奔到家后，最幸福的事就是看到小饼干天真烂漫的笑容。然后，带小饼干去小区附近的超市逛逛，即使什么都不买，一家三口在超市里闲逛，看着满目琳琅的商品，也会觉得很开心。

记忆深刻的一次是圣诞节来临之前的冬夜，我和老公下班之后，带着几个月大的小饼干去超市逛。老公用背带把小饼干背在胸前，小饼干一脸好奇，很萌，我俩也像个孩子一样傻乎乎地笑起来。

那晚我们买了什么东西回家，我忘了。我只记得，那天晚上，超市里的圣诞礼物墙显得特别温馨，那晚的风很大，树叶被风吹得发出窸窸窣窣的声音，但在我眼里却是那么温柔。那晚的夜色，非比寻常地美。

曾经在网上看到过这样一段话："某种意义上，小孩子真是拯救成年人的天使。当青春的星光渐渐暗淡，琐碎的生活使人心生疲惫的时候，却有一个小生命活泼地成长，永远生机盎然，一派天真烂漫。我们不得不跟随着孩子的目光，跟板凳说话，同饭碗商量，小花、小草都有妈妈，饺子和汤圆互相比赛，整个世界忽然变得新鲜又生动。"

第一次看到这段话时，感觉内心深处的柔软被触动了，不禁感叹：宝宝也许是上天赐给我们成年人的天使，让我们再次重温童年的无忧无虑，让我们卸下成年人世界的各种包袱，从哄宝宝、陪宝宝玩乐中获得更多纯粹的快乐。

有娃之后，非常享受这种简简单单的幸福感。

喜欢逛超市，也许是因为开始认真生活，一家三口过起柴米油盐、热气腾腾的小日子。心里多了份美好的责任，希望宝宝和老公都能吃到营养健康的家常菜，也希望能把家里安排得更好，仿佛做一个贤惠的妻子、一个好妈妈成了一个宏伟的目标。虽然我不是精明能干的家庭主妇，但我内心希望能够努力做得更好。

那天我又冒出了一个念头：等小饼干再大一点，带他去北方看雪。一年四季，我最喜欢的就是冬天。冬天虽冷，但心中有爱，有家，可让我们倍感温暖。想象一下，和爱人漫步在雪花飘落的白色世界，和自己的孩子在雪地里堆雪人，还有什么比这更快乐、更温暖人心呢？

人生是短暂又多变的，愿我们都能在小小的家庭里享受现世的幸福,给宝宝更多快乐的美好回忆。

7.5 终于在深圳有了自己的"家"

　　我以前单身时,思考过一个问题,到底什么才是一个"家",那时对于"家"的想法很肤浅,我觉得自己如果有能力在深圳买套房子,就拥有了一个属于自己的家。直到结婚有娃之后,我对"家"的定义产生了180度的大转变。

　　从老公说买一套自己的房子到真正住进去的时候,满心欢喜,有一种"终于在深圳扎根了"的感觉。有了孩子之后就觉得,有自己的房子就给了小饼干一个"家"。

　　那时小饼干1岁。入住的第一晚,幼小的小饼干也显得格外地开心,他总是看着卧室窗外的夜景,在床上滚来滚去,滚着滚着就睡着了。

　　我们还没买房子之前,一直住在一个40多平米、由一室一厅改造成小两居的出租房。那套房子经常有蟑螂出没,它们有时还猖狂地在我面前出没。有一天晚上,把小饼干哄睡着了,突然发现有一只蟑螂飞到我们的床边,就在距离小饼干的脸蛋只有几厘米的地方。我马上赶走那只蟑螂,又想起新闻说有蟑螂爬到小孩耳朵里,感到惶恐。我开始自责,觉得自己没能力给孩子住干净整洁的大房子,而40平米的两室,连给孩子爬行的一块小空地都没有,我觉得自己很无能,人生第一次感到无助又沮丧。

　　结婚时我压根不在乎什么房子,等到有了孩子之后,我特别羡慕邻居家里的复式豪宅。可能在深圳不算什么豪宅，但在我眼里，就是很大很大的豪宅，他们可以买长长的滑梯在家里给女儿玩，也可以在生日会邀请小区里的小朋友和家长去玩。如果说我不自卑，不自责，那是自欺欺人，我确实曾经为此失落了一段时间。

有了孩子之后，我害怕搬家，总觉得应该给孩子一个安稳的"家"。但我们在一年内搬了三次家。

后来我才想明白，其实"家"就在我们的心里。我不再把"家"定义在一套房子里，无论我们住在哪里，去到哪里，家一直都在，温暖着我们的心。

有一次，我带小饼干去我先生公司给安排的宿舍住几天，2岁的小饼干居然懂得那不是自己的家里，还说："妈妈，我不喜欢在这里，我想回家。"听到小饼干这样说，我内心觉得他长大了一点，有点欣慰，但也觉得我应该好好地回答他这个问题。我想了一会儿，给小饼干说："宝贝，这里也是我们的家呀，有爸爸妈妈在的地方就是家。"

我时常觉得自己是个幸运的人儿，有个有担当、热爱带娃的好老公，还有个乖巧暖心的儿子，甚至有种"岁月静好"的错觉。网上有人说，当你觉得岁月静好，那是因为有人在前面为你负重前行。我想，那个人应该就是我的先生吧，一想到这儿，我更爱这个家了。

家，是装着爱和温暖的地方，虽然有琐碎有争吵，有欢乐也有困难，但回忆起来应该更多的是温暖和美好。我想，这就是"家"最好的定义吧。

附 录

0~12个月宝宝这样玩更聪明

　　之前看到很多大人不重视0~12个月宝宝的养育，觉得只要给宝宝吃饱就行，还有的妈妈想给宝宝早教，却不知从何下手，希望这个附录可以给大家带来参考。

附录1　早教就在带娃的每个小细节里

我见过很多家长，抱怨带小孩很烦，觉得小孩子一直都在捣乱，不知道怎么"教育"小孩。其实带小孩也很简单，只要我们多花点心思，耐心一些，总会找到很多办法来陪宝宝一边玩一边早教的。

0~3岁的宝宝，正处于智力高速发育的黄金时期，我们如果有空还是要注意给宝宝做早教，很多早教其实在家就可以完成，不是一定非要去早教机构。最重要的是要有耐心、细心，保持终身学习的心态和宝宝一起成长。

事实上，早教就在我们带娃的每个小细节里。比如，当宝宝在吃西蓝花的时候，也可以和宝宝说话，告诉宝宝他正在吃西蓝花，西蓝花是绿色的，吃了肚子里会有绿色的小精灵，保护着宝宝的身体。多陪宝宝聊天，给宝宝解释他身边的物品，解释这个世界的一切。巧妙利用身边的一切物品，也是很好的早教方式。

但是，不要用语言去恐吓宝宝，要告诉他事实，不要觉得宝宝很小什么都不懂，就随便编。正是因为宝宝什么都不懂，才要让他正确地认识这个世界。像个孩子一样陪孩子玩，你的早教就成功一半了。

附录 2　1~2 个月宝宝这样玩更聪明

教宝宝微笑。宝宝一个月之后，我们可以开始和宝宝互动，多对宝宝微笑，宝宝就会模仿大人微笑回应，学会第一个社交动作——微笑。

视觉训练。可以给宝宝买黑白卡片，让宝宝躺在婴儿床上，大人拿着一张黑白卡片，距离宝宝眼睛三十多厘米的高度，从左到右、从右到左地慢慢在宝宝眼前移动，这样可以锻炼宝宝的视线追踪能力。每次不要玩太久，大约二十秒即可。

毛绒球游戏。可以拿个彩色的毛绒球在宝宝面前由远到近、由近到远地慢慢移动，玩的时候可以轻轻地摩擦宝宝的脸、手，还有身体，这样既能促进宝宝视觉发育，也能促进触觉发育。

抚触。满月体检时，一般护士会教妈妈给宝宝做抚触。抚触对宝宝来说就是一种和妈妈交流的重要方式，还能促进宝宝的触觉和身体感知能力的发育。

附录 3　3~5 个月宝宝这样玩更聪明

三个月大的宝宝，准备过百日宴啦，大运动能力、精细动作、视觉发育、认知能力等比之前进步很多，可以给宝宝提供更高级的玩法了！

手握玩具。这时宝宝的手已经能握东西啦，可以给宝宝买能发出声音、握手上的玩具，比如手摇铃铛，宝宝可以自己抓着玩，还能一边晃来晃去地听铃铛的声音。要注意的是，不能给宝宝买声音太大和光线太刺眼的玩具，会影响宝宝的听觉和视觉发育。

可抓可舔的玩具。这时的宝宝处于口的敏感期，可给宝宝买可抓可舔的玩具，让宝宝自己抓着放嘴边舔着玩。注意要买材质安全的，清洁干净后再给宝宝玩。这样可促进宝宝的手口协调能力和手部精细动作的发育。

多带宝宝出去接触大自然。在楼下摸一摸、看一看花草，对宝宝来说都是很好的早教机会，促进宝宝的视觉和触觉发育。

躲猫猫。宝宝四五个月时，可以和宝宝玩躲猫猫游戏，让宝宝知道，暂时看不见的人和事物也可再出现，慢慢地宝宝看不到妈妈时就不会大哭了。

附录3 6~9个月宝宝这样玩更聪明

读绘本。宝宝一般六个月时就会坐了，这时可以开启宝宝的阅读之旅，陪宝宝读绘本啦！给宝宝的绘本，一定要选适龄的，这样才能更好地引起宝宝的兴趣。对于几个月大的宝宝来说，读绘本既能促进宝宝认知能力的发展，也能促进宝宝的语言发育。

锻炼宝宝腿部肌肉。买一两个可以给宝宝踢着玩的玩具，锻炼宝宝的腿部肌肉，为宝宝之后学习爬行和走路做准备。和宝宝玩踢水游戏，洗澡的时候，在确保宝宝安全的情况下，轻握宝宝的双腿，引导宝宝用小腿去踢水，让他体验踢水的快乐。记得玩的时候多和宝宝互动，对宝宝笑、唱有趣的歌曲都能让宝宝兴趣大增。

陪宝宝玩"倒玩具"的游戏。可以给宝宝一个小瓶子，让宝宝把小玩具放进瓶子里，再倒出来，也可以把玩具换成大米，让宝宝一边抓一边装满再倒出。这样可以锻炼宝宝的空间意识、手部精细动作、大动作。

换手游戏。拿个小玩具，引导宝宝从左手放到右手，从右手放到左手，让宝宝学会换手拿东西，锻炼宝宝的双侧协调能力、手眼协调能力、手部抓放能力。

附录4　10~12个月宝宝这样玩更聪明

语言发育。宝宝会在1岁以后逐渐进入语言发育的黄金时期，在宝宝10个月大时，要多和宝宝说话，促进宝宝的语言发育。让宝宝学会讲话也很简单，多给宝宝进行语言输入，比如陪宝宝读绘本，耐心向宝宝解释这个世界。生活中见到的物品都可介绍给宝宝认识，从物品的颜色、形状、味道、名称等浅层认知介绍物品，这样解决了很多妈妈不知该和宝宝说什么的烦恼。在这个过程中，不仅促进了宝宝的语言发育，也提升了宝宝的认知能力，还增进了宝宝和爸爸妈妈的亲子关系。

社交。这时要和宝宝玩互动游戏，增强宝宝的社交能力，比如和宝宝一起玩递小球游戏，家长把球递到宝宝手里，再引导宝宝把球递给自己。

玩爬洞洞游戏。可以给宝宝买个可折叠的小隧道，引导宝宝从一头爬进去，从另外一头爬出来，在宝宝爬进去时，告诉宝宝"宝宝，在里面啦"，爬出来时，告诉宝宝"宝宝在外面啦"。这样既能锻炼宝宝的空间感、大动作、平衡能力、手部和腿部的肌肉力量，也能让宝宝知道什么是外面和里面。

想象力、创造力培养。宝宝1岁时，可以引导宝宝涂鸦，给宝宝买一些有利于培养创造力、想象力的玩具，比如叠叠乐、积木等叠堆玩具。

其实早教就在我们生活的细节中，爸爸妈妈耐心发现，总会找到很多有趣的方法来培养宝宝。最后，愿我们都能拥有一个可爱又聪明的小宝贝！